机电类专业教学理论与实践研究

温晓妮 刘学燕 董 垒 著

中国商业出版社

图书在版编目（CIP）数据

机电类专业教学理论与实践研究／温晓妮，刘学燕，董垒著. -- 北京：中国商业出版社，2022.6

ISBN 978-7-5208-2086-8

Ⅰ.①机… Ⅱ.①温… ②刘… ③董… Ⅲ.①机电工程-教学研究-高等职业教育 Ⅳ.①TH

中国版本图书馆 CIP 数据核字（2022）第 107219 号

责任编辑：黄世嘉

中国商业出版社出版发行

（www.zgsycb.com　100053　北京广安门内报国寺 1 号）

总编室：010-63180647　编辑室：010-63033100

发行部：010-83120835/8286

新华书店经销

北京虎彩文化传播有限公司印刷

*

710 毫米×1000 毫米　16 开　12 印张　207 千字

2022 年 6 月第 1 版　2022 年 6 月第 1 次印刷

定价：50.00 元

* * * *

（如有印装质量问题可更换）

前　言

　　机电一体化是在微电子技术向机械工业渗透过程中逐渐形成并发展起来的一门新兴的综合性技术学科。目前，机电一体化技术得到普遍重视和广泛应用，已成为现代技术、经济发展中不可缺少的一种高新技术。通过应用机电一体化技术而生产出来的机电一体化产品，已遍及国民经济和人们日常生活的各个领域。为了在市场竞争中占据优势，世界各国纷纷将机电一体化的研究和发展作为一项重要内容而列入本国的发展规划。

　　机电一体化是多学科领域综合交叉的技术密集型系统工程，所涉及的知识领域非常广泛，现代先进技术构成了机电一体化的技术基础。随着机电一体化技术的产生与发展，在世界范围内掀起了机电一体化热潮，它使机械产品向着高技术密集的方向发展。当前，以柔性自动化为主要特征的机电一体化技术发展迅速，水平越来越高。任何一个国家、地区、企业如果不拥有这方面的人才、技术和生产手段，就不具备市场竞争所必需的基础。要彻底改变目前我国机械工业面貌，缩小与国外先进国家的差距，必须走发展机电一体化技术之路，这也是当代机械工业发展的必然趋势。

　　本书共有九章，系统介绍了高职教育机电类专业的特点、实践教学理论，阐述了机电类专业的实践教学模式、人才培养模式、课程内容设置，探讨了机电类专业实践教学评价和教学策略。

　　本书在写作过程中，参考和借鉴了一些专家学者的观点，在此一并表示感谢。由于本人水平有限，书中难免有不妥之处，请批评指正。

作者

2021 年 12 月

目 录

机电类专业概述

第一节　高等职业技术教育特点

高等职业教育是我国高等教育的重要组成部分，包括高等职业专科教育、高等职业本科教育、研究生层次职业教育，是高等教育发展中的一个类型，肩负着为经济建设与发展培养高等技术应用型人才的使命。

一、高职教育的特征

近年来，我国高职教育在人才培养模式、课程模式、教学模式、评价体系等方面进行一系列的改革，主要表现在以下几方面。

（一）对实践动手能力和应用技能有明确的要求

高职教育面向生产、经营、服务、管理第一线岗位培养人才，不同岗位（群）有不同的实践能力和应用技能的特点。高职教育各专业均针对不同职业岗位（群）的特点，对学生应掌握的实践动手能力和应用技能提出了明确的要求，同时引入职业资格证书教育，把它作为衡量职业技能水平高低的重要指标，并逐步与世界接轨，采用全球性的职业资格证书，扩大职业资格证书的权威性。简言之，高职教育要求毕业生不仅要获得大专毕业证书，同时还要获得多种职业资格证书。

（二）注重实践课程，实行"现场教学"

高职教育在课程设置上，除按要求开设公共课程外，基础知识和基本理论则坚持以"够用""必需"为原则，保证专业技术、技能课程占总课程的30%～40%，构建了"强能力""重应用"的课程体系。在专业技术、技能课教学中，将课堂搬到模拟实验室、车间等岗位工作环境中，实行"现场教学"，让学生在接近真实的岗位工作环境中锤炼，使学生的动手能力和应用技能得到较大提升。

（三）以"社会化""市场化"的评价体系为标准

高职教育面向社会办学、面向市场办学，评价高职教育效果的优劣，只能由社会、市场来判断。其中，最重要的指标就是毕业生就业率的高低、毕业生从事岗位工作的社会认可度等。毕业生就业率高，则说明专业设置符合社会需求，毕业生素质得到社会的普遍认可；毕业生从事岗位工作的社会认可度高，说明毕业生所具有的岗位技能、实践能力得到社会的承认。广大高职院校则自觉将这两个指标作为衡量办学成果的标准，努力提高学生的专业技能，不断拓宽就业渠道，提高毕业生的就业率。

1. 培养目标

高等职业教育的人才培养目标是培养生产、经营、管理与服务一线的高等技术应用型人才，高等职业教育是以应用技术和实践能力为主的职业技能培训，而普通高等教育主要培养从事研究和发现客观事物规律的学术研究型人才以及工程型人才。

2. 人才培养模式

高等职业教育培养高等技术应用型人才，培养模式为"以能力为中心"，强调职业性和适应性。这种人才培养模式具有六方面的特征：以培养适应生产、建设、管理、服务第一线需要的高等技术应用型人才为根本任务；以社会需求为目标、技术应用能力的培养为主线设计教学体系和培养方案；以"应用"为主旨构建课程和教学内容体系，基础理论教学以应用为目的，以"必需、够用"为度；专业课加强针对性和实用性；实践教学的主要目的是培养学生的技术应用能力，在教学计划中占有较大比例；双师型师资队伍的建设是高职高专教育成功的关键；产学结合、校企合作是培养技术应用型人才的基本途径。

而普通高等教育以课堂教学为主，虽然有实验、实习等联系实际的环节，但联系实际的目的是为了更好地学习理论知识，着眼于理论知识的传授。

3. 专业设置与课程设置

高等职业教育的专业设置主要是按照市场所需要的岗位需求设置的，其显著的特点是针对性较强，是针对岗位或职业而设定的。就课程设置而言，高职院校的课程强调以职业能力为本位的课程模式，注重实践能力的培养。而对于普通高等教育来说，其专业设置是以学科为依据的。在课程体系上，普通高等教育学校讲求课程体系的整体性和单一学科课程的系统性，一般分为公共课、专业基础课和专业课。

4. 师资队伍要求

高职教育要求有一支双师型教师队伍，即从事高等职业教育的教师既要有普通高校教师扎实的专业理论知识和教学经验，又要有高级工程技术人员丰富的职业实践经验。为了达到这个目的，可行的方法是：从企业吸引既具有扎实的理论知识又具有丰富实践经验的专业技术人员担任专业教师；鼓励在职教师参加学术进修，提高个人学历和学术水平；通过校企合作，引进和吸收企业人员担任兼职教师，优化教师队伍结构，提高兼职教师的课时比例；有计划派遣专业教师到企业兼职锻炼，增强实践能力；积极参加专业行业教育培训活动，学习新的教育理念和教学组织方法，提升教学能力和专业学术水平；通过参加产学研活动和实践能力培训工作，提高团队双师素质；加强青年教师的教育工作，通过师徒对接等方式，培养青年教师的责任意识和教学水平。

人才培养方案的实施离不开教学团队的团结一致、共同协作。要按照教学目标，有计划、分层次地完成人才的培养。专任教师教学和实践经验丰富，工作积极，富有创新意识，在教学工作中积极改革教学方法，能不断提高教学质量。企业兼职教师是来自企业的高级技术人员或专职培训人员，既有理论知识，又有实践经验，在实践教学环节起到重要作用，在专业建设、校企合作、课程开发、实验室建设方面可发挥其参谋作用。专业带头人和骨干教师是具有丰富工程经验的双师素质的教师，主要承担课内实习、实训教学、课外实习、实训指导，以及实验室、实训基地建设，积极参与专业建设、课程改革、工学结合、社会服务等活动，突出以培养学生动手能力为主的教学任务。外聘兼职教师主要是负责指导专业实践教学，在综合实践顶岗实习中发挥指导作用，是实现校企合作教育在思想、理念、方法、措施、技术等方面的深度融合。青年教师是教学团队的后备力量，主要承担一些辅助性的教学任务，在专业带头人和骨干教师的带领和培养下，青年教师积极参与专业建设、课程改革、教学实践等活动。

上述不同层次的教师，根据高职教育的特点，以就业为导向，以社会需求为目标，以技术应用能力和职业技术能力培养为主线，遵循理论教学与实践教学一体化的原则开展工作。在实施人才培养方案过程中，高职教育要结合地方经济的发展实际，围绕本专业人才培养的目标和基本要求，夯实专业基础，拓宽专业知识面，以培养学生较强的动手能力、技术应用能力、职业能力和创新能力为基本

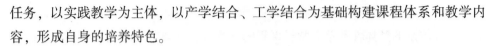

任务，以实践教学为主体，以产学结合、工学结合为基础构建课程体系和教学内容，形成自身的培养特色。

5. 教学方式与教学过程

在教学过程中，高职院校重视相关专业的教学实践环节。高职院校实践教学以强化技能训练为特点，因此，要重视校内实验、实训设施和校外实习基地的建设，加强学生动手操作和模拟实习能力的培养。高职教育以能力为中心的人才培养模式体现在教学方式与教学过程上，要求学生在校期间针对职业岗位完成一般性的职业岗位训练，学生毕业时就成为合格的就业人员，具备某一岗位所必需的基本知识、技术和能力，上岗后能基本履行岗位职责，基本不需要较长的适应期。

6. 高职教育管理

高职教育管理要实现用人单位与学校共同参与。高职教育是针对经济发展、企业需要而培养一线技能人才的。因此，相关行业或企业参与学校管理显得尤为重要。产学结合、校企合作成为行业或企业参与管理的重要形式。校企合作是指学校与相关的行业或企业，在人才的教育培养与技术的开发、改造和创新过程中相互配合、共同协作。学校针对企业的实际情况和实际需要，邀请行业或企业有关专家共同研究专业设置、制订教学计划、开发实践课程，为企业培养所需的应用型人才。特别是请企业专家参与学校的教学管理，结合实际向学生传授更实用、更通俗易懂的知识。高职教育通过依托行业或企业，为学生提供良好的校内外实训基地，以解决学生实训实践基地缺乏的难题，共同研究、开发科研课题。

在我国高职院校中，机电一体化专业有机电一体化技术专业、纺织机电一体化技术专业和电气自动化技术专业等。

二、机电专业内涵

(一) 机电一体化技术

日本企业界在 1970 年最早提出"机电一体化技术"这一概念，即结合应用机械技术和电子技术于一体。随着计算机技术的迅猛发展和广泛应用，机电一体化技术获得前所未有的发展，成为一门综合计算机与信息技术、自动控制技术、传感与检测技术、伺服驱动技术和机械技术等交叉的系统技术，目前正向光机电一体化技术方向发展，应用范围越来越广泛。

1. 机电一体化技术的技术内容

(1) 机械技术

机械技术是机电一体化的基础。与传统的机械技术相比，机电一体化系统中的机械部分精度要求更高，结构更简单，性能更优越，可靠性更好；机械的零部件部分则要求模块化、标准化、规格化。因此，有许多新的课题要加以研究和运用。例如，对结构进行力学分析、热变形分析；进行结构优化设计，以使机械系统既减轻重量、缩小体积，又不降低机械的静、动刚度；采用新的结构元件，如高精度导轨、精密滚珠丝杆、高精度主轴轴承和高精度齿轮等，以提高关键部件的精度和可靠性；开发新型复合材料，以提高刀具、磨具的质量；通过零部件的模块化和标准化设计，提高其互换性和维护性。

（2）计算机与信息技术

信息处理技术包括信息的交换、存取、运算、判断与决策。实现信息处理的工具是计算机，因此，计算机技术与信息处理技术是密切相关的。计算机技术包括计算机的软件技术和硬件技术、网络与通信技术、数据技术等。机电一体化系统中主要采用工业控制机（如可编程控制器、单片机、总线式工业控制机等）进行信息处理。

（3）自动控制技术

在自动控制理论指导下，对具体控制装置或控制系统进行设计，并对设计后的系统进行仿真和现场调试，最后使研制的系统可靠地投入运行。在机电一体化技术中，自动控制主要是解决如何提高产品的精度、提高加工效率、提高设备的有效利用率，从而实现机电一体化的目标最优化。自动控制技术包括位置控制、速度控制、自适应控制、自诊断、校正、补偿、检测等技术。

（4）传感与检测技术

传感与检测技术是系统的感受器官，它与信息系统的输入端相连，将检测到的信息输送到信息处理部分，控制相关动作。例如，假设蔬菜大棚内需要保持设定的温度、光照和湿度，就需要使用相应的传感器，分别检测三种要素的现状，通过信息处理系统的分析，决定是否加热、是关小还是开大遮光帘、是否喷水等动作。

传感与检测是实现自动控制、自动调节的关键环节。它的功能越强，系统的自动化程度就越高。传感与检测技术的研究内容包括两个方面：一是研究如何将各种被测量（如物理量、化学量、生物量等）转换电信号；二是研究如何对转换后的电信号进行加工处理，如放大、补偿、标示、变换等。

传感箱是检测部分的核心。例如，数控机床在加工过程中，利用力传感器或声发射传感器等，将刀具磨损情况检测出来与给定值进行比较，当刀具磨损到引起负荷转矩增大并超过规定的最大允许值时，机械手自动地进行更换，这是安全

运行与提高加工质量的有力保障。

（5）伺服驱动技术

"伺服"一词源于希腊语"奴隶"，英语"Servo"。伺服驱动技术可以理解为，电机转子的转动和停止完全根据信号的大小、方向。即在信号来到之前，转子静止不动；信号来到之后，转子立即转动；当信号消失时，转子能即时自行停转。由于它的"伺服"性能，因此而得名——伺服系统。

伺服驱动技术就是在控制指令的作用下，控制驱动元件，使机械部件按照指令的要求进行运动，如回转、直线运动或其他复杂运动，并具有良好的动态性能。伺服驱动技术包括电动、气动、液压等各种类型的传动装置，这些驱动装置通过接口与计算机相连，在计算机的控制下，带动机械部件做机械回转、直线或其他复杂运动。

在伺服驱动技术方面，有一个重要的概念，即伺服系统。伺服系统是实现电信号到机械动作的转换装置或部件，对机电一体化系统的动态性能、控制质量和功能具有决定性的作用。常见的伺服系统有电气伺服系统和液压伺服系统。电气伺服系统控制灵活、成本低、可靠性高，其缺点是低速时输出的力矩小，如步进电机、交流伺服电机等。液压伺服系统工作稳定、响应速度快、输出的力矩大，其缺点是设备复杂、体积大、维护困难、污染环境。

伺服驱动技术作为数控机床、工业机器人及其他产业机械控制的关键技术之一，在国内外普遍受到关注。在20世纪最后10年间，微处理器（特别是数字信号处理器——DSP）技术、电力电子技术、网络技术、控制技术的发展为伺服驱动技术的进一步发展奠定了坚实的基础。

（6）系统总体技术

系统总体技术是一种从整体目标出发，用系统的观点，从全局角度，将总体分解成相互有机联系的若干单元，找出能完成各个功能的技术方案，再把功能和技术方案组成方案组进行分析、评价和优选的综合应用技术。系统总体技术解决的是系统的性能优化问题和组成要素之间的有机联系问题。系统总体技术涉及很多方面，如接插件、接口转换、软件开放、微机应用技术、控制系统的成套性和成套设备自动化技术等。显然，即使各个组成要素的性能和可靠性很好，如果整个系统不能很好协调，系统也很难正常运行。

2. 机电一体化的发展方向

随着科学技术的发展和社会经济的进步，人们对机电一体化技术提出更高的要求。例如，高精度激光打印机的平面反射镜和录像机磁头的平面度要求为

0.4μm，粗超度为 0.2μm。因此，机电一体化技术正朝着数字化、智能化、模块化、集成化、网络化、微型化、系统化等方向发展。

（1）数字化

微控制器及其发展奠定了机电产品的数字化基础，如不断发展的数控机床和机器人；计算机网络的迅速崛起则为数字化设计与制造铺平了道路，如虚拟设计、计算机集成制造等。数字化要求机电一体化产品的软件具有高可靠性、易操作性、可维护性、自诊断能力以及友好人机界面，数字化的实现将便于远程操作、诊断和修复。

（2）智能化

智能化是在控制理论的基础上，吸收人工智能、运筹学、计算机科学、模糊数学等新思想、新方法，模拟人类智能，使机器具有判断推理、逻辑思维、自主决策等能力，以求得到更高的控制目标。诚然，使机电一体化产品具有与人完全相同的智能是不可能的，也是不必要的，但是，高性能、高速的微处理器使机电一体化产品具有人的部分智能，则是完全可能的。

（3）模块化

模块化是一项重要而艰巨的工程。由于机电一体化产品种类和生产厂家繁多，研制和开发具有标准机械接口、电气接口、动力接口、环境接口的机电一体化产品单元是一项既十分复杂又非常重要的事。例如，研制集减速、智能调速、电动机于一体的动力单元，具有视觉、图像处理、识别和测距等功能的控制单元以及各种能完成典型操作的机械装置。这样，可利用标准单元迅速开发出新产品，同时也可以扩大生产规模。这需要制定各项标准，以便各部件、单元的匹配和接口。

（4）集成化

集成化既包括各种技术的相互渗透、相互融合和各种产品不同结构的优化复合，又包括在生产过程中同时处理加工、装配、检测、管理等多种工序。为了实现多品种、小批量生产的自动化与高效率，应使系统具有更广泛的柔性。首先，可将系统分为若干层次，使系统功能分散，并使各部分协调而又安全地运转；其次，通过软件、硬件将各个层次有机地联系起来，使其性能最优、性能最强。

（5）网络化

20 世纪 90 年代，网络技术发展迅速。各种网络将全球经济、生产连成一体，企业之间的竞争也日益全球化。机电一体化新产品一旦研制出来，只要其功能独到、质量可靠，很快就会畅销全球。由于网络的普及，基于网络的各种远程控制

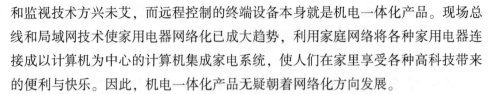

和监视技术方兴未艾，而远程控制的终端设备本身就是机电一体化产品。现场总线和局域网技术使家用电器网络化已成大趋势，利用家庭网络将各种家用电器连接成以计算机为中心的计算机集成家电系统，使人们在家里享受各种高科技带来的便利与快乐。因此，机电一体化产品无疑朝着网络化方向发展。

（6）微型化

微机电一体化产品采用精细加工技术，体积小、耗能少、运动灵活，在生物医疗、军事、信息等方面具有不可比拟的优势。1986 年美国斯坦福大学研制出第一个医用微探针，1988 年美国加州大学伯克利分校研制出第一个微电机。目前，国际上在 MEMS 工艺、材料以及微观机理研究方面取得了很大进步，开发出各种 MEMS 器件和系统，如各种微型传感器（压力传感器、微加速度计、微触觉传感器）和各种微构件（微膜、微梁、微探针、微连杆、微齿轮、微轴承、微泵、微弹簧以及微机器人等）。

（7）系统化

系统化的表现特征之一，是系统体系结构进一步采用开放式和模式化的总线结构，系统可以灵活组态，进行任意剪裁和组合，同时寻求实现多子系统协调控制和综合管理。系统化的表现特征之二，是通信功能的大大加强，一般除了 RS232 外，还有 RS485、DCS 等。

由此可见，机电一体化的出现不是孤立的，它是现代科学技术的融合，是社会生产力发展到一定阶段的必然要求。当然，与机电一体化相关的技术还有很多，并且随着科学技术的发展，各种技术相互融合的趋势也越来越明显，机电一体化技术的发展前景越来越光明。

（二）纺织机电技术

1. 纺织机电技术的发展现状

纺织机电设备与人们的着装密切相关。织布生产技术有着悠久的历史，其发展过程经历了原始手工织布、手织机织布、普通机器织造、自动织机织造和无梭织机织造五个阶段。

在原始手工织布阶段，人们采用简单的工具，将经、纬纱交织成织物，所采用的工具都由人工直接赋予动作。原始手工织布方法经历了漫长的历史演变后，出现了由原动机件、传动机件和工作机件三个部分组成的手织机，这种手织机为近代的传动机器进行大工业生产创造了条件。

进入 18 世纪后，织布技术有了较快的发展。1785 年，英国人爱德曼·卡特莱特制造出能完成开口、投梭和卷布三个基本动作的动力织机，这是世界上第一台用动力传动的织机，从那时候起，织布技术进入了工业化织造时代。

用动力传动的有梭织机可以分为两大类：一类是需要人工补纬的普通织机，另一类是由机构自动完成补纬的自动织机。人们为使普通织机的补纬自动化，经历了一个多世纪的努力，直到 1892 年，美国人诺斯勒普首先发明了自动换纡，当纬管上的纬纱用完时，通过换纡机构将满纡子换入梭内，同时排出空纬管。而自动换梭的补纬方法是在 1926 年由日本人韦田佐吉发明的，当自动换梭机纬管上的纬纱用完时，通过换梭机构将装有满纡子的梭子换入梭箱，同时排出纡子已空的梭子。自动换梭织机的问世，标志着织造技术进入了自动织机织造的新时代。

普通织机及其后来的自动织机所采用的引纬原理，在本质上与手工机器织布相同，即都是用传统的梭子作载纬器。凡采用传统梭子引纬的织机都被称为有梭织机。有梭织机的引纬具有三个特征：一是引纬器为体积大、质量大的投射器；二是该投射器内容有纬纱卷装；三是引纬器被反复投射。

有梭织机引纬的特点是梭口尺寸特别大，以避免梭子进出梭口时与经纱产生过分的挤压致使经纱受损。即使在较低的车速和入纬率下，投梭加速过程和制梭减速过程仍然十分激烈。因此，织机的零部件耗损多，机器震动大，噪声高达 100~105dB，工人的劳动环境差，劳动强度大。因此，有梭织机的这些缺点限制了车速和入纬率的进一步提高。

从 20 世纪初开始，人们不再采用笨重梭子引纬的传动原理，提出了由引纬器直接从固定筒子上将纬纱引入梭口的新型引纬原理，并陆续获得成功。凡采用这种原理形成机织物的织机，称为无梭织机或新型织机。目前，已经得到了广泛应用的无梭织机有片梭织机、剑杆织机、喷气织机和喷水织机四大类型。此外，还有一些新的织造技术问世。例如，多相织机，它可以取得更高的入纬率，但是它所生产的织物品种有较大的局限性，故尚未在生产中得到大量应用。

无梭织机飞速发展的 20 世纪，织造技术取得了飞速的发展。如今，无梭织机已经在世界范围内得到普遍应用，今后 10 年，世界纺织工业的原料结构将从以棉、毛、丝、麻等天然纤维为主逐渐转化为以化纤为主，因此，特别适宜织造化纤织物的喷水织机将有更加广阔的应用前景。

喷水织机是由捷克人发明的，并取得了专利权。喷水织机利用水为引纬介质，以喷射水流对纬纱产生摩擦牵引力，使固定筒子上的纬纱引入梭口。由于水射流的集束性较空气好得多，喷水织机上没有任何防止水流扩散装置，即使这样筘幅也能达到 2 米多，且其机器速度和入纬率一直处于领先水平。喷水织机通过喷水产生的射流来达到引纬的目的，与喷气织机相比，其射流具有更高的集束性、更大的驱动力和良好的引纬作用，噪声也较低。喷水引纬具有适应高速运转和能量消耗少的优点。喷水织机的引纬介质——水，体积小、质量轻、所需的梭口高度小、钳座打纬动程短，这就为织机的高速度、宽箱幅、低噪声提供了可能性。目前，喷水织机的最高车速、最大织幅以及最高入纬率分别约为 2000r/min、230cm 和 3200m/min。

喷水织机不仅引纬原理及其装置先进。它的其他机构和装置也都有了很大的发展，自动化程度很高，如自动找纬（自动对梭口）装置、自动处理断纬装置等。喷水织机上的电动技术、微机技术应用很普遍，如电子多臂、电子送经、电子卷取和电子选色等，在很多机型上实现了"机、电、仪"一体化，它们一方面适应了高速织造的要求，另一方面也提高了产品质量和劳动生产率。

21 世纪，片梭织机、剑杆织机和喷射织机将形成三足鼎立的局面。片梭织机以带夹子的小型片状梭子夹持纬纱，投射引纬，具有引纬稳定、织物质量优、纬回丝少等优点，适用于多色纬织物，细密、厚密织物以及宽幅织物的生产，但是机器价格贵；剑杆织机用刚性或挠性的剑杆头、带来夹持、导引纬纱，最大特点是换色方便，适宜多色纬织造，但是纬纱受力较大，单位产量占地面积也略大，价格较贵；喷气织机用喷射出的压缩气流对纬纱进行牵引，将纬纱带过梭口，其劳动生产率高，但是能耗较大。喷水织机利用水作为引纬介质，以喷射水流对纬纱产生摩擦牵引力，使固定筒子上的纬纱引入梭口，具有高速高产、能耗及占地面积少等优势，并且价格低，但是其主要用于表面光滑的疏水性长丝类织物的生产。目前喷水织机的生产厂家主要在日本、捷克和意大利，一些合作机型也开始进入我国市场。但是从技术的先进性和市场的实绩来看，竞争力领先的依然是日本的 TEXSYS 株式会社、二津田驹工业株式会社，其机型分别为日产系列和津田驹系列，同时也分别与我国的沈阳纺织机械厂及咸阳纺织机械厂进行合作生产喷水织机。随着化纤织物需求量的不断增加，喷水织机将在我国以及世界上供不应求。

上述无梭织机共同的特点是将纬纱卷装从梭子中分离出来，或是仅携带少量的纬纱以小而轻的引纬器代替大而重的梭子，为高速引纬提供了有利的条件。在纬纱的供给上，又直接采用筒子卷装，通过储纬装置进入引纬机构，使织机摆脱了频繁的补纬动作。因此，采用无梭织机对增加织物品种、调整织物结构、减少织物疵点、提高织物质量、降低噪声、改善劳动条件具有重要意义。无梭织机车速高，通常比有梭织机效率高 4~8 倍，因此，大面积地应用无梭织机，可以大幅度提高劳动生产率。

由于无梭织机的结构日臻完善，选用材料范围广泛，加工精度越来越高，加上世界科技发展，电子技术、微电子控制技术逐步取代机械技术，无梭织机的制造是冶金、机械、电子、化工和流体动力等多学科相结合，集电子技术、计算机技术、精密机械技术和纺织技术于一体的高新技术产品。

2. 新型纺织机电技术专业特点

纺织工业是我国的传统工业，纺织机械是一种不可替代的产品。近年来，通过参与国际竞争，促进并推动了纺织产品及纺织设备的更新换代，企业装备了大量的现代纺织设备，这些新型纺织设备具有高度机电一体化特征，运用电气控制技术、微电子技术、计算机信息技术、光学技术与现代机械等技术，提高了生产效率，降低了产品成本，保证了产品质量。

机电一体化技术在纺织生产领域中的广泛应用，带动了纺织业的飞速发展，而与之相适应的纺织设备维护、检修、管理人才大量缺乏，过去的机械维护和电气维护分离的技术格局已远远不能满足现代设备维护的要求，新型纺织机电技术专业适应纺织行业发展的需要。

新型纺织机电技术专业是一种新兴的、复合型专业。新型纺织机电设备正在朝着一个自动化程度更高、效率更高、用工更少的方向发展。

新型纺织机电技术是以数字信息处理为基础，集机械制造、微电子、计算机、现代控制、传感检测、信息处理、液压气动等技术于一体的复合技术。新型纺织机电技术专业是根据产品的高效、低成本生产要求而设置的，即以生产和技术领域的分工为依据而设置的。因此，新型纺织机电技术专业具有综合性、先进性、应用性等特征。

新型纺织机电技术专业因其社会需求量大、专业内涵丰富、课程内容综合性强，高职专业特色和优势明显。

纺织产品的生产过程经过以下几个过程：将原料（如棉花）变成丝或线，将丝或线变成织物（如布），将织物进行染整，最后得到成品。

纺织机械的种类非常丰富，可分为纺纱机械、化纤机械、织造机械、染整机械、非织造设备等。纺纱机械是将纤维原料（包括棉、毛、丝、麻等天然纤维和化学纤维）加工成纱线的机器。化纤机械是将化学聚合物加工成化学纤维（包括长丝、短纤维、变形丝等）的机器，主要分为长纤维生产线和短纤维生产线。织造机械是将纱线或化纤纺丝通过机织或针织工艺加工成织物（布）的机器。染整机械是将织物通过物理或化学方法进行染色、印花及后整理加工的机器。非织造设备是将纤维原料通过成网和加固或黏结等工艺（不经纺纱和织造）制成布状产品的机器。

3. 纺织机械品种

纺织机械品种繁多、结构复杂、用途及性能各有不同。

（1）细纱机

①细纱机简介

细纱是纺纱过程中的最后一道工序，它是将粗纱经过进一步的拉长抽细到一定程度，加捻卷绕成一定卷装，并符合国家质量标准的细纱，以供制线、织造使用。其具体作用如下。

牵伸：将粗纱抽长拉细成所需细度的须条。

加捻：将须条加捻成有一定捻度的细纱。

卷绕成型：将细纱绕成一定卷装，供存储、运输和进一步加工之用。

②细纱机的组成

喂入部分：粗纱架、粗纱支持器（托锭支持器、吊锭支持器两种）、导纱杆、横动导纱装置。

牵伸部分：牵伸罗拉、罗拉轴承、胶辊、罗拉座、上下皮圈销和皮圈、弹簧摇架、隔距块、集合器。

加捻卷绕部分：导纱、隔纱板、钢领、钢丝圈、清洁器、锭子、纱管、锭带轮等。

成形部分：成形凸轮、成形摇臂、链条、分配轴、牵吊轮（杆带、钢领板和导纱板的升降横臂）。

③细纱机的工艺过程

在细纱机中，纱线经过粗纱筒管—导纱杆—牵伸装置—导纱钩—钢丝圈—细纱筒管后成型。

细纱机的任务是通过牵伸、加捻作用将纺成的细纱卷绕在筒管上，便于后加工。

（2）络筒机

①络筒机简介

络筒（又称络纱）是纺纱的最后一道工序，织前准备的第一道工序，络筒机的任务是将来自纺部的管纱加工成符合一定要求的筒子，并在卷绕过程中去除纱疵。简单来说，就是将线绕于线管上的机械，起着承上启下的桥梁作用。

②络筒的主要任务

络筒的主要任务：一是改变卷装，增加纱线卷装的容纱量。通过络筒将容量较少的管纱（或绞纱）连接起来，做成容量较大的筒子，一只筒子的容量相当于20多只管纱。筒子可用于整经、并捻、卷绕染色无梭织机上的纬纱以及针织等。这些工序如果直接使用管纱会造成停台时间过多，影响生产效率的提高，同时也影响产品质量的提高，因此，增加卷装容量是提高后道工序生产率和质量的必要条件。二是清除纱线上的疵点，改善纱线品质。棉纺厂生产的纱线上存在着一些疵点和杂质，如粗节、细节、双纱、弱捻纱、棉结等。络筒时利用清纱装置对纱线进行检查，清除纱线上对织物的质量有影响的疵点和杂质，提高纱线的均匀度和光洁度，以利于减少纱线在后道工序中的断头，提高织物的外观质量。纱线上的疵点和杂质在络筒工序被清除是最合理的，因为络筒每只筒子的工作是独立进行的，在某只筒子处理断头时，其他筒子可以不受影响继续工作。

③络筒的工艺要求

络筒的工艺要求：一是卷绕张力适当，不损伤纱线原有的物理机械性能。二是筒子卷装容量大，成型良好便于退绕。三是纱线接头小而牢尽量形成无结头纱线。四是用于整经的筒子要定长，用于染色的筒子要结构均匀（卷密均匀）。五是无攀丝。如果横动中回头不及时，丝线卷绕超出原定的边界就会产生攀丝。这样，筒子在退绕过程中攀丝处就会出现绊倒筒子等现象，影响使用。六是无硬边。由于纱线卷绕中在筒子两端卷绕的纱线较多，因此会导致硬边的产生，从而影响后面的工序，比如染色工序。七是无重叠。当筒子的卷绕直径增大到某一定值时，导纱往复一次中筒子的转数恰好为整数，这时筒子上相邻两层纱圈便重合在一起。重合若干次后，纱线便在筒子表面形成绳状突起，这种现象被称为重叠，产生重叠后的筒子表面凹凸不平，在络筒时纱线的摩擦加剧，造成筒子剧烈振动，同时，重叠的纱条在筒子两端产生滑边，影响后道工序。不过在半自动络筒机中由于卷绕比是由硬件齿轮固定的，因此，应该不会产生重叠现象。

络筒机是集机、电、仪、气一体化的高水平的最新一代纺织机械产品，络筒机配置有空气捻结器、电子清纱器、机械防叠装置、恒张力装置、定长装置等。

④自动络筒机的技术应用

定长测量：络筒后每筒的纱线长度是有约定的。一般来说，纱线长度的测量有三种方法。一是测量厚度，该方法误差较大。二是测量压碾的线速度，因为压辊的旋转与纱线保持线速度一致，可以采用编码器或霍尔传感器来测量压根的线速度，不过也存在一定的误差，要进行修正，这也是目前使用较多的方法。三是采用建立数学模型的方法。

恒线速度控制：在络筒过程中，随着纱筒直径的变大，如果纱筒的旋转速度不变，则纱线的线速度增大，绕出的纱线就会内松外紧，不能绕出理想的纱线。因此，需要采用变频技术，使纱筒的旋转速度随着纱筒直径的变大而减小，使纱线的线速度恒定不变。

恒张力控制：络筒张力适当，能使落成的筒子成型良好、具有一定的卷绕密度而不损伤纱线的物理机械性能，而且可以使弱捻纱预先断裂，这样，经过重新捻接后的纱线去除了薄弱环节，可以提高后道工序的效率。若张力过大，会使纱线弹性损失，不利于织造。若张力过小，会使落成的筒子成型不良，且断头时纱线容易嵌入有边筒子的内部，接头时不容易寻找，因而降低工作效率，不利于人员织造。

使用张力器，可以调节纱线的张力，让张力保持在一个值左右。

⑤络筒机的结构与工作原理

络筒机的结构组成如下。

卷绕机构：络筒卷绕是使纱线以螺旋线的形状均匀地卷绕在筒管的表面形成筒子。

卷绕成型机构有三种方式：筒管直接转动，导纱器导纱；滚筒摩擦传动，导纱器导纱；槽筒摩擦传动，沟槽导纱。

这里是采用一个变频器控制一个独立的电动机，该电动机再通过两个齿轮来分别带动筒管转动和导纱器的横动，具体的机械连接安装传动装置中。该类型半自动络筒机是采用筒管直接转动，卷绕时筒子要紧靠压根，以保证纱线卷绕时成型良好。变频器的功能设计上，在频率源选择时有一种络筒机专用给定方式。在该给定方式下，当按下启动开关，变频器启动后，变频器的输出频率从初始频率根据设定长度慢慢地调整到终止频率，这种控制方式用于一些要求筒子里松外紧的工艺要求。另外一种控制方式就是恒线速度控制。恒线速度控制方式可以保证纱锭良好的松紧度。筒管转动是实现将纱线卷绕到筒子表面的一个步骤，另外还要通过导纱器带动纱线沿着筒管轴线方向做往复运动，让纱线均匀分布到筒管表面，根据往复运动的不同可以形成不同卷绕形式的筒子。这里导纱器的往复运动也是由机械装置实现的，在传动装置中，有一个齿轮用来控制导纱器的横动，从齿轮处延伸一根长轴出来当成导纱器的运行轨道。为实现收边功能，还在导纱器的底部安装有一个凸轮。而为了实现卷绕功能，则还要用到横轴，横轴由一台专门的电机驱动，该电机上电后就直接运转，然后带动横轴做低速运转，横轴上的机械装置同时影响导纱器的运行轨迹，以实现卷绕的功能。

定长控制：该络筒机是通过记录压碾的转数换算成周长来完成定长功能的。

实现的过程如下：通过重力装置，使筒子与压碾紧密接触，筒子转动时带动压碾旋转，在压根的一端上贴一张感应纸，然后采用一个霍尔传感器对着该感应纸，霍尔传感器的输出接到变频器上。当压碾转动时，霍尔传感器就可以输出一连串的脉冲信号，变频器通过捕捉脉冲信号来计算纱线的长度，以实现定长停车、纱线长度显示等功能。不过，这种计算定长的方法会存在一定的误差。

纱线超喂：由于筒子卷绕过程中送出纱线速度肯定大于纱筒退绕线速度，张力值也因此增大，而过大的张力不但得不到优质纱筒，而且会增加纱线的断头，降低生产效率。因此，在络筒机中会增加超喂装置使送出纱线的速度大于卷取纱线的速度，将纱线卷绕时筒子硬拖纱线的状况改变成缓和地卷取纱线的状况，从而减少断头，获得满意的卷绕筒子。超喂装置的主要构成部分就是超喂电机，它是用来退绕纱筒，调节张力的。

断纱检测：该络筒机中有断纱检测装置。络筒机中安装了一个光电传感器，传感器的输出接到变频器上，如果有纱线经过则指示灯亮，无纱线时指示灯灭，并传送断纱信号到变频器，然后变频器就可以做出相应的处理（比如断纱停车、记录当前纱长、故障指示等）。采用光电传感器可以避免与纱的摩擦。

张力控制：络筒机中张力控制装置方法，是在纱线路径中设置一个张力门装置，用来调节纱线的张力，让张力保持在一个值左右。

新型纺织机电技术是以机电一体化控制技术为主线，以新型纺织设备为载体，培养面向纺织企业，从事设备维护、管理的机电一体化人才，满足社会对新型纺织机电技术复合型人才的日益需求。学生就业方向：纺织机械制造业；纺织生产企业；纺织机械营销单位及售后服务部门等。毕业生可在企业里担任纺织机械选型、配置、安装、调试、维护、管理、岗位操作、质量检测和技术改造；纺织机械设备的生产、管理、营销和对外贸易。

（三）电气自动化技术

1. 专业背景

20 世纪 70 年代，执行元件的驱动电压是直流的，其控制方式也是直流电的，自动化系统的工作方式是很简单、粗糙的，精度也很低。随着晶体管、大功率晶体管、场效应管等大功率的电子器件的出现和成熟，以现代数学、矩阵代数为理论依据的弱电强电控制系统，使电子技术与自动化达到新的高度。至此，本专业得到了广泛的发展，这一时期的电子技术与自动化、计算机的有机结合，赋予自动化专业全新的内涵。

电气自动化是电气信息领域的一门新兴学科，与人们的日常生活以及工业生产密切相关，是现代工业发展的支柱，它面向整个工业领域，是连接信息化与工业化的纽带，是诸多高新技术系统中不可缺少的关键技术之一。目前电气自动化发展非常迅速，已经成为高新技术产业的重要组成部分，广泛应用于工业、农业、国防等领域，在国民经济中发挥着越来越重要的作用，小到一个家庭，大到整个社会，都离不开自动化产品。

对电气自动化技术专业而言，控制理论是基础，电力电子技术、计算机技术则为其主要技术手段。该专业具有强弱电结合、电工电子技术相结合、软件与硬件相结合的特点，具有交叉学科的性质。电力、电子、控制、计算机多学科综合，使毕业生具有较强的适应能力，是宽口径专业。

随着科学技术的快速发展，产生了一大批高新技术企业，这些企业起点高、技术新，有大量的设备需要用到电气自动化控制方面的知识；与此同时，很多大中型企业为了提高竞争力，积极进行技术改造，也引进先进设备，机电一体化的设备越来越多。PLC 控制技术、现场总线技术、变频技术、计算机集散控制技术（DCS）、微电子技术等新知识在各行各业中，特别是在工业岗位中用得越来越多，原来这些岗位的人员只懂得传统的控制，因此，在未来的五至十年内急需大量高层次、具有较强实践能力的技能型专门人才去充实这些岗位，以满足和适应新技术的需要，这样就需要大量的电气自动化技术专业人才。另外，商业、娱乐场所、住宅管理也需要这样的高技能应用型人才。

当然，电气自动化专业需要具有扎实的数学、物理基础，较强的外语综合能力，为今后能够掌握并且灵活运用专业知识做准备。虽然该专业方向的人才需求量大，但是可供选择的人也很多，如果没有非常强的综合素质，就很难在众人之中脱颖而出，取得突出成绩。这对许多胸怀远大志向的学生来说是需要注意的。

电气控制系统是机电产品的灵魂，是实现自动化的必备手段。由于本专业研究范围广，应用前景好，毕业生的专业素养相对较高，因此就业形势非常好。

电气自动化技术专业主要培养掌握电气技术、电力自动化技术、各种电气设备及自动化设备的基本原理和分析方法，能够从事供用电、各类电气设备、电气控制及自动化系统的安装、设计、调试、维护、技术改造、产品开发和技术管理的高级技术应用型专门人才。

2. 典型产品

工业机器人、人们经常乘坐的电梯、制造行业广泛使用的数控机床等都是典型的机电一体化产品。

（1）机器人

机器人是集计算机、控制论、机构学、信息和传感技术、人工智能、仿生学等多种学科而形成的高新技术产品。机器人并不是在简单意义上代替人工劳动，而是综合了人和机器特长的一种拟人的电子机械装置，既有人对环境状态的快速反应和分析判断能力，又有机器长时间持续工作、精确度高、抗恶劣环境的能力。从某种意义上讲，机器人也是机器进化过程的产物，它是工业以及非产业界的重要生产和服务性设备，也是先进制造技术领域不可缺少的自动化设备。

日本 YASKAWA 工业机器人及控制柜系统，由机械本体、控制器、伺服驱动系统和检测传感装置构成。通过编程，该机器人能以一定速度做定位运动，分别完成升降、旋转、抓取与放置工件等各种动作。

（2）电梯

电梯是一种以电动机为动力的垂直方向的交通工具，在高层建筑和公共场所已经成为重要的建筑设备而不可或缺，它与人们的生活、工作有着越来越密切的关系。自 20 世纪 80 年代以来，电梯控制技术便朝着电气传动交流化、自动控制微机化方向发展，交流传动处于主导地位并取代直流传动，微机取代大部分继电器和硬件逻辑电子电路。

1889 年，美国在原来液压梯的基础上，推出了世界第一部以电动机为动力的升降机。其机械结构采用卷筒式驱动方式，将曳引绳缠卷在卷筒上，钢丝绳一端固定在轿厢上，另一端固定在卷筒上。电动机正转，拖动卷筒转动，钢丝绳卷绕，使轿厢上升；电动机反转，拖动卷筒转动，钢丝绳释放，使轿厢下降。这种电梯，在提升高度、钢丝绳根数、载重量方面，都有一定的局限性，在安全运行方面存在着严重的缺陷。

1903 年，美国推出了曳引式电梯。曳引式电梯是由电动机带动曳引轮转动，钢丝绳通过曳引轮绳槽，一端固定在轿厢上，另一端固定在对重块上。钢丝绳与曳引轮之间产生摩擦力，带动轿厢运动。轿厢上升时，对重块下降，轿厢下降时，对重块上升。因此，只要在牵引系统的强度范围内，通过改变曳引绳长度，就可以适应不同的提升高度，而不像卷筒式那样受卷筒长度的限制。由于曳引式驱动可以使用多条钢丝绳，而且由于升降是使用摩擦力的作用，不会造成曳引绳的断裂，因此，曳引式电梯的安全性大大提高。

1924 年，电梯采用了信号控制系统，进一步提高了电梯的自动控制功能。

此后，新技术，特别是电子技术被广泛地应用于电梯中。

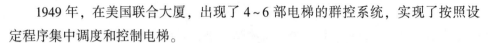

1949 年，在美国联合大厦，出现了 4~6 部电梯的群控系统，实现了按照设定程序集中调度和控制电梯。

1955 年，研制出了小型计算机控制的电梯。

1962 年，美国出现了速度达 8.5m/s 的超高速电梯。

1967 年，将晶闸管应用于电梯拖动系统中。随着电力电子技术的发展，在用晶闸管取代直流电动机组的同时，研制出了交流调压调速系统，使电梯的调试性能得到明显改善。

20 世纪 70—80 年代是电梯控制装置采用微机及其软件开发大为发展的年代。例如用微机控制电梯的速度、电梯的运行管理等，其精确的控制使电梯的舒适性和群控性得到进一步提高。同时，由于电子技术的应用，使原先的控制柜的结构和原理发生了变革，其体积大大减小，可靠性大大增加。

在功能上，电梯一般能实现楼层检测、轿厢内选层、门厅呼叫、电梯倾向、电梯变速、电梯的平层启动和制动（电梯开关门）等。

电梯控制系统由电动机、变频调速器、控制器（PLC、单片机或计算机）、位置开关、呼叫按钮、楼层显示器、报警器等构成。

（3）数控机床

数控机床的高精度、高效率及其柔性化，决定了数控技术是当今先进制造和设备的核心技术，是工厂自动化的基础。

数控机床是指采用数字代码形式的信息（程序指令），控制刀具按给定的工作程序、运动速度和轨迹进行自动加工的机床。数控机床实现了加工过程的自动化操作。

在数控机床上加工零件时，首先要将被加工零件图上的几何信息和工艺信息数字化。根据零件加工图样的要求确定零件加工的工艺过程、工艺参数、刀具参数，再按数控机床规定采用的代码和程序格式，将与加工零件有关的信息如工件的尺寸、刀具运动中心轨迹、位移量、切削参数（主轴转速、切削进给量、背吃刀量）以及辅助操作（换刀、主轴的正转与反转、切削液的开与关）等编制成加工程序，并将程序输入数控装置，经数控系统分析处理后，发出指令控制机床进行自动加工。

数控机床分为数控车床、数控铣床、数控钻床、加工中心等。

数控机床的机械本体必须满足刚性高、热变形小等特点。尽管数控机床是一种自动控制的设备，可以进行自动调整和补偿，但自动调整和补偿也是有条件限制的，需要以机械本体精度为前提。

除机械本体以外的部分称为控制系统。控制系统一般由数控装置、驱动器、伺服电动机、测量装置、控制电路等组成。

数控装置是机床的运算和控制中心。一般由输入接口、储存器、中央处理器（CPU）、PLC、输出接口等组成。数控装置接受加工信息，进行相应的运算和处理，发出控制指令，使刀具实现相对运动，完成零件加工。

三、高职教育的功能

高职教育是高等教育的一个重要类型，是指在高中阶段教育的基础上，为适应某种职业岗位群或业务领域的需要而进行的知识、技能和素养的教育。它兼具高等教育和职业教育双重属性，高职学生不仅要掌握较高层次的专业理论知识，具有较强的实践动手能力、分析问题与解决问题的能力，还应具备创新意识和职业岗位群适应能力、可持续发展的能力。

（一）高职教育的培养目标

高职教育是高等教育发展的一个类型，肩负着培养面向生产、建设、服务和管理第一线需要的技术技能性人才的需要。

高职院校要坚持育人为本、德育先行、把社会主义核心价值体系融入高等职业教育人才培养的全过程；要高度重视学生的职业道德和法制教育，重视培养学生的诚信品质、敬业精神和责任意识、遵纪守法意识，培养出一批高素质的技能型人才；要教育学生学会交流沟通和团队协作，提高学生的实践能力、创造能力、就业能力和创造能力。

由此可见，高职专业人才培养目标是把学生培养成高技能、实干型人才。

1. 高素质是高职专业人才培养的首要目标

高素质对高职学生日后的行为和发展起着重要的引导、激励作用。高职学生的高素质主要体现在政治素质高、思想素质高、道德素质高、文化素质好、心理素质好、身体素质好等方面。

2. 高技能是高职专业人才培养的重要目标

高技能是指高职学生通过系统的学习、训练和实践，在某个职业方向、职业领域里，具有坚实、过硬的就业本领和创业本领。过硬的职业本领，是毕业后职业实践的根本依托，在职业规划中起着举足轻重的作用。这主要表现在：凭着职业本领，找到合适的工作，取得合理的报酬，继而进一步发挥自己的才干，逐步实现自我价值。一般而言，具有高技能的人，大多是学习兴趣广泛、知识基础扎实、注重积极进取的人。高技能还为创造、创新提供了可能性，即在稳定职业的基础上，有所创造、创新，为企业、为社会创造显著的经济效益和社会效益，甚至成功创业，打造更加辉煌的人生。

3. 实干是高职专业人才培养最基本的目标

所谓实干型人才，就是能勤勤恳恳地干事、踏踏实实地做事、任劳任怨地工作的人。培养实干型人才，要做好以下几点：一要培养和发扬勤勤恳恳的精神和品德，热爱事业、积极工作、勤奋进取；二要培养和发扬脚踏实地的精神和品德，坚持鼓干劲、办实事、求实效；三要培养和发扬任劳任怨的精神和品德，舍得吃苦，不怕吃亏，经得起困难的考验。

（二）高职教育的特点

坚持以服务为宗旨，以就业为导向，以能力为本位，面向区域经济，立足于高等教育层次，突出职业素质与岗位能力培养，以培养高端技能型人才为根本任务。

1. 服务方向的基层性

面向基层、面向现场，培养的学生能适应生产、建设、管理、服务第一线岗位工作，专业水平与企业生产技术相适应，能操作新设备，掌握新工艺。

2. 职业素质的综合性

以培养职业综合能力为本位，形成合理的知识、能力、素质，学生具有基础理论适度、技术能力强、知识面较宽、综合素质高等特点。学生毕业以后，能够"下得去，留得住，上手快，干得好"。

3. 教学内容的应用性

按社会需求设置专业，以技术应用为主旨构建课程体系和教学内容，教学内容以实用为原则，理论知识以"必需""够用"为度，不过分强调知识的系统性，主要突出其应用性。

4. 教学过程的实践性

注重实践教学，注重学生动手能力的培养，实践教学在专业教学计划中占较大的比例，同时参照相关的职业资格标准，改革专业课程体系和内容，通过与行业企业合作开发课程等多种形式来开发课程，创新教学方法和手段，融"教、学、做"为一体，强化学生的职业能力与素养。注重实践教学，突出"双证书"，即高职教育要求毕业生不仅要获得学历文凭证书，同时还要获得职业资格证书。

5. 专职教师的双师素质、专兼结合的教师团队

高职院校的师资队伍基本都是专职教师的双师素质和专兼结合的教师团队的

有机统一。专职教师的双师素质是指教师既有从事本专业教学工作的理论水平和能力，又有技师、工程师的实践技能和创新能力。兼职教师是指学校正式聘任的、能独立承担某门专业课教学或实践教学任务的校外企业及社会中具有较强的业务能力和丰富实践经验的专家、高级技术人员或能工巧匠。兼职教师长期工作在生产第一线，实践能力强，行业领域知识新，对地方经济和社会发展状况较为熟悉，这样的优势让兼职教师能在教学中紧密结合工作实践，将新技术及时充实到教学过程中，保证教学内容的实用性和先进性。专兼结合的教师团队，可以极大地提高学生实践动手能力，让学生及时了解社会、适应社会，并不断提高实际工作能力，在毕业之后快速适应工作岗位。

总之，高等职业技术教育与普通高等教育在人才培养目标、培养要求、教学内容等方面有较大的不同。

第二节　通识教育与专业教育

高职教育整体上分为通识教育和专业教育两个方面。通识教育是培养学生基本素质的教育，专业教育是培养专门人才的专业技能教育。通识教育与专业教育相结合，有利于培养出知识结构完整、素养全面、岗位技能过硬、创新能力强的高端技能型人才。

专业教育关注学生的专业技能，旨在通过系统地讲授某一领域（学科）专门知识，培养具有一定专业知识和专业技能的人才，强调岗位工作技能，注重专业岗位技能培训，为未来的职业做准备。专业教育具有专门化、技能化、工具化的特点，可使学生掌握一定的专业技能，顺利实现就业。显然，专业教育也就是做事的教育。

通识教育关注学生的全面发展，旨在通过非职业性的课程设置，培养积极参与社会生活、有责任感、全面发展的社会成员和国家公民，是一种广泛的、非专业性的、非功利性的基本知识、技能和态度教育。通识教育是指所有大学生均应接受专业以外的有关共同内容的教育，主要包括人类社会的历史与文化教育、人文与社会科学知识教育、道德教育、社会生存能力教育、心理素质的培养等。它的主要特征是超越直接的功利目的，着眼于人的潜能开发与身心的和谐发展，体现的是人文关怀和人文精神，强调人的均衡、全面、高质量发展，使学生具备可持续发展的后劲，增强其职业迁移能力。显然，通识教育就是做人的教育，体现人文主义的理念，目的是培养有社会责任感、全面发展的高素质人才。

根据上述理论，高职院校各专业的课程体系基本上分为公共基础课程和职业技术课程两大类。需要说明的是不同的院校有不同的分类称谓，但本质上是一样的。两类中又分别包含必修课和选修课，学生除了完成专业计划中规定的必修课程学分外，还需修满相应的选修学分方可毕业。通识教育主要是通过公共基础必修课、公共选修课程、第二课堂和校园文化熏陶加以实施；专业教育则由职业技术课传授。

一般而言，第一年强化通识教育，在人文素质与社会生活、校园文明素质养成、思想道德与法律基础、形势政策与人生、心理健康教育、自然科学等方面夯实基础，拓宽学生视野，搭建合理的知识结构。从二年级开始，侧重专业教育，传授专业知识和进行职业技能的培训。通识教育作为专业教育的基础教育，有助于培养学生的终身学习能力。专业知识的通识化，也可以使专业知识与其他领域知识得以接轨，不至于过度偏窄。但是需要指出的是，这一切的实现有赖于提供基本的人文素养，使学生具备思考与判断的初步能力，并对人类历史与文化有初步的认识，结合专业知识形成完整的世界观、人生观和价值观。

公共选修课的设置有助于培养学生的人文修养、生活情趣、道德水准、责任意识和价值取向。一般来说，公共选修课又称全院任选课，共分五大类：身心健康类、公共艺术类、社科人文类、生活通识和通用技术类、就业与创业类。学生在校期间有四次选课机会（第一至第四学期），每年6月和12月中旬学校统一组织选课，每类只能选一门，每次选课每名学生最多可选2门课程。不同专业，公共选修课学分有所不同，一般为4~11分。公共选修课每科课时在16~32对应的学分在1~2之间。公共选修课的开设时间统一为周一至周五晚上，每次上课3学时，一般从学期初的第二周开始上课，学生可根据个人的特长和爱好，在第二至第五学期修读2~6门课程。

完整的高等教育离不开通识教育和专业教育，是做人与做事的统一。做事离不开科学，做人则离不开人文。因此，通识教育与专业教育相结合，有利于培养出高素养、高技能并具有创新能力的专业人才，有利于发挥学生的主体性，推动社会的健康发展。

第三节　机电专业与相关专业之间的关系

一、机电一体化基本知识

（一）机电一体化系统概述

"德国工业4.0"和"中国制造2025"都强调，要加快发展智能制造装备和产品；组织研发具有深度感知、智慧决策、自动执行功能的高档数控机床、工业机器人、增材制造装备等智能制造装备以及智能化生产线；突破新型传感器、智能测量仪表、工业控制系统、伺服电机及驱动器和减速器等智能核心装置；推进工程化和产业化。加快机械、航空、船舶、汽车、轻工、纺织、食品、电子等行业生产设备的智能化改造；提高精准制造、敏捷制造能力；统筹布局和推动智能交通工具、智能工程机械、服务机器人、智能家电、智能照明电器、可穿戴设备等产品的研发和产业化。机电一体化虽然是一个独立的科学门类，但和其他学科有着千丝万缕的关系，也和"工业4.0"及"中国制造2025"紧密相连，它是其他学科技术优势的整合体，是建立在其他学科技术的基础上发展起来的。因此，机电一体化可以分为五元素三核心。其中，五元素主要是指机械本体部分、动力部分、传感部分、驱动及执行部分、控制及信息处理部分，三核心是指机械技术、计算机与电子技术及系统技术。如果把机电一体化比作人的身躯，那么五元素就是四肢五官，三核心则是大脑。机械技术可以优化材料、性能，缩减体积，提高精度；计算机与电子技术可以进行信息交流、储存、判断、决策，而系统技术则是从全局角度出发，将总体分解成相互关联的若干功能单元，正是因为这些技术的共同发展与协作，才使得机电一体化技术不断推陈出新，极大地扩展了机械系统的发展空间，使其向着更高的方向发展。

1. 机电一体化概念的产生

20世纪80年代初，世界制造业进入一个发展停滞、缺乏活力的萧条期，几乎被人们视作夕阳产业。20世纪90年代，微电子技术在该领域的广泛应用，为制造业注入了生机。机电一体化产业以其特有的技术带动性、融入性和广泛适用性，逐渐成为高新技术产业中的主导产业，成为21世纪经济发展的重要支柱之一。

　　机电一体化是微电子技术向机械工业渗透过程中逐渐形成的一种综合技术，是一门集机械技术、电子技术、信息技术、计算机及软件技术、自动控制技术以及其他技术互相融合而成的多学科交叉的综合技术。以这种技术为手段开发的产品，既不同于传统的机械产品，也不同于普通的电子产品，而是一种新型的机械电子器件，称为机电一体化产品。

　　机电一体化（Mechanotronics）一词，最早出现在 1971 年日本《机械设计》杂志的副刊上，随后在 1976 年由日本 Mechatronics Design News 杂志开始使用。"Mechatronics"是由 Mechanics（机械学）的前半部与 Electronics（电子学）的后半部组合而成的"日本造"英语单词。我国通常称为机电一体化或机械电子学，实质上是指机械工程与电子工程的综合集成，应视为机械电子工程学。但是，机电一体化并非机械技术与电子技术的简单叠加，而是有着自身体系的新型学科。随着计算机技术的迅猛发展和广泛应用，机电一体化技术获得前所未有的发展，目前正向光机电一体化技术（Optomechatronics）方向发展，其应用范围越来越广。

　　目前，人们对机电一体化的含义有不同的认识。例如，机电一体化是机械工程中采用微电子技术的体现（渡边茂）；机电一体化就是利用微电子技术，最大限度地发挥机械能力的一种技术（日本 1984《机械设计》杂志增刊）；机电一体化是机械学与电子学有机结合而提供的更为优越的一种技术（小岛利夫）。总之，由于各自的出发点和着眼点不尽相同，再加上机电一体化本身的含义随着科学技术的发展不断被赋予新的内容。到目前为止，人们较为接受的定义是日本"机械振兴协会经济研究所"于 1981 年 3 月提出的解释："机电一体化这个词乃是在机械的主功能、动力功能、信息功能和控制功能上引进微电子技术，并将机械装置与电子装置用相关软件有机结合而构成系统的总称。"随着微电子技术、传感器技术、精密机械技术、自动控制技术以及微型计算机技术、人工智能技术等新技术的发展，以机械为主体的工业产品和民用产品，不断采用诸学科的新技术，在机械化的基础上，向自动化和智能化方向发展，以机械技术、微电子技术有机结合为主体的机电一体化技术是机械工业发展的必然趋势。

　　美国是机电一体化产品开发和应用最早的国家。例如，世界上第一台数控机床（1952 年）、工业机器人（1962 年）都是由美国研制成功的。美国机械工程师协会（ASME）的一个专家组，于 1984 年在给美国国家科学基金会的报告中，提出了"现代机械系统"的定义："由计算机信息网络协调与控制的、用于完成包括机械力、运动和能量等动力学任务的机械和机电部件相互联系的系统。"这一含义实质上是指多个计算机控制和协调的高级机电一体化产品。

1981 年，德国工程师协会、德国电气工程技术人员协会及其共同组成的精密工程技术专家组的《关于大学精密工程技术专业的建议书》中，将精密工程技术定义为光、机、电一体化的综合技术，它包括机械（含液压、气动及微机械）、电工与电子技术、光学及其不同技术的组合（电工与电子机械、光电子技术与光学机械），其核心为精密工程技术。促进了精密工程技术中各学科的相互渗透，这一观点是培养机电一体化复合人才的关键。

机电一体化技术与系统具有技术与系统两方面的内容。机电一体化技术主要是指其技术原理和使机电一体化系统（或产品）得以实现、使用和发展的技术。机电一体化系统主要是指机械系统和微电子系统有机结合，从而赋予新的功能和性能的新一代产品。机电一体化的共性包括检测传感技术、信息处理技术、计算机技术、电力电子技术、自动控制技术、伺服传动技术、精密机械技术以及系统总体技术等。各组成部分（要素）的性能越好，功能越强，并且各组成部分之间配合越协调，产品的性能和功能就越好。这就要求将上述多种技术有机地结合起来，也就是人们所说的融合。只有实现多种技术的有机结合，才能实现整体最佳，这样的产品才能称得上是机电一体化产品。如果仅用微型计算机简单取代原来的控制器，则不能称为机电一体化产品。

机电一体化技术是一个不断发展的过程，是从自发状况向自为方向发展的过程。早在机电一体化这一概念出现之前，世界各国从事机械总体设计、控制功能设计和生产加工的科技工作者，就已为机械与电子的有机结合做了许多工作，如电子工业领域通信电台的自动调谐系统、计算机外围设备和雷达伺服系统。目前人们已经开始认识到机电一体化并不是机械技术、微电子技术以及其他新技术的简单组合、拼凑，而是它们的有机结合或融合，是有其客观规律的。简言之，机电一体化这一新兴交叉学科有其技术基础、设计理论和研究方法，只有对其有了充分理解，才能正确地进行机电一体化工作。

随着以 IC、LSI、VLSI 等为代表的微电子技术的高速发展，计算机本身也发生了根本变革。以微型计算机为代表的微电子技术逐步向机械领域渗透，并与机械技术有机地结合，为机械增添了"头脑"，增加了新的功能和性能，从而进入以机电有机结合为特征的机电一体化时代。曾以机械为主的产品，如机床、汽车、缝纫机、打字机等，由于应用了微型计算机等微电子技术，使它们都提高了性能并增添了"头脑"，这种将微型计算机等微电子技术用于机械并给机械以智能的技术革新潮流可称为"机电一体化技术革命"。这一革命使得机械闹钟、机械照相机及胶卷等产品遭到淘汰。又如，以往的化油器车辆，其发动机供油是靠活塞下行后形成的真空吸力来完成的，并且节气门开度越大，进气支管的压力越大，发动机转速越高，化油器供油量也就越多。而现在的电子燃油喷射车辆，则已将上述机械动作转变为传感器的信号（如节气门开度用节气门位置传感器来测量，进气支管压力用绝对压力传感器来测量），当这些信号送到发动机控制计算机后，经过计算机的分析、比较和处理，能够计算出精确的喷油脉宽，控制喷油嘴开启时间的长短，从而控制喷油量的多少。将以往的机械供油转为电控，这样不仅有效地发挥了燃油的经济性和动力性，又使尾气排放降到了最低，这就是机电一体化由传感器来测量机械的动作，并转变为电信号送至计算机，再由计算机作出决策，控制某些执行元件动作。

机电一体化的目的是使系统（产品）功能增强、效率提高、可靠性增强，节省材料和能源，并使产品结构向轻、薄、短、小巧化方向发展，不断满足人们生活的多样化需求和生产的省时省力、自动化需求。因此，机电一体化的研究方法应该是改变过去那种拼拼凑凑的"混合"式设计法，从系统的角度出发，采用现代设计分析方法，充分发挥边缘学科技术的优势。

由于机电一体化技术对现代工业和技术的发展具有巨大的推动力，因此，世界各国均将其作为工业技术发展的重要战略之一。从 20 世纪 70 年代起，在发达国家兴起了机电一体化热潮。20 世纪 90 年代，我国把机电一体化技术列为重点发展的十大高新技术产业之一。

机电一体化技术在制造业的应用从一般的数控机床、加工中心和机械手发展到智能机器人、柔性制造系统（FMS）、无人生产车间和将设计、制造、销售、管理集于一体的计算机集成制造系统（CIMS）。机电一体化产品涉及工业生产、科学研究、人民生活、医疗卫生等各个领域，如集成电路自动生产线、激光切割设备、印刷设备、家用电器、汽车电子化、电梯、微型机械、飞机、雷达、医学仪器、环境监测等。

机电一体化技术是其他高新技术发展的基础，机电一体化的发展依赖于其他相关技术的发展。可以预料，随着信息技术、材料技术、生物技术等新兴学科的高速发展，在数控机床、机器人、微型机械、航空航天装备、海洋工程装备及高技术船舶、先进轨道交通装备、节能与新能源汽车、电力装备、农机装备家用智能设备、医疗设备、现代制造系统等产品及领域，机电一体化技术将得到更加蓬勃的发展。

2. 机电一体化系统的组成

传统的机械产品一般由动力源、传动机构和工作机构等组成。机电一体化系统是在传统机械产品的基础上发展起来的，是机械与电子、信息技术结合的产物，它除了包含传统机械产品的组成部分以外，还含有与电子技术和信息技术相关的组成要素。一个典型的机电一体化系统应包含以下几个基本要素：机械本体、动力与驱动单元、执行机构单元、传感与检测单元、控制及信息处理单元、系统接口等部分。这些部分可以归纳为：结构组成要素、动力组成要素、运动组成要素、感知组成要素、智能组成要素；这些组成要素内部及其之间，形成通过接口耦合来实现运动传递、信息控制、能量转换等有机融合的一个完整系统。

（1）机械本体

所有的机电一体化系统都含有机械部分，它是机电一体化系统的基础，起着支撑系统中其他功能单元、传递运动和动力的作用。机电一体化系统的机械本体包括机械传动装置和机械结构装置，机械子系统的主要功能是使构造系统的各子系统、零部件按照一定的空间和时间关系安置在一定位置上，并保持特定的关系。为了充分发挥机电一体化的优点，必须使机械本体部分具有高精度、轻量化和高可靠性。过去的机械均以钢铁为基础材料，要实现机械本体的高性能，除了采用钢铁材料以外，还必须采用复合材料或非金属材料。因此，要求机械传动装置有高刚度、低惯量、较高的谐振频率和适当的阻尼性能，并对机械系统的结构形式、制造材料、零件形状等方面提出相应的要求。机械结构是机电一体化系统的机体，各组成要素均以机体为骨架进行合理布局，有机结合成一个整体，这不仅是系统内部结构的设计问题，也包括外部造型的设计问题。这就要求机电一体化系统整体布局合理，技术性能得到提高，功能得到增强，使用、操作方便，造型美观，色调协调，具有高效、多功能、可靠和节能、小型、轻量、美观的特点。

（2）动力与驱动单元

动力单元是机电一体化产品能量供应部分，其作用是按照系统控制要求，为系统提供能量和动力，使系统正常运行。提供能量的方式包括电能、气能和液压能，其中电能为主要供能方式。除了要求可靠性好以外，机电一体化产品还要求动力源的效率高，即用尽可能小的动力输入获得尽可能大的功能输出，这是机电一体化产品的显著特征之一。驱动单元是在控制信息的作用下，驱动各执行机构完成各种动作和功能的。

（3）传感与检测单元

传感与检测单元的功能就是对系统运行中所需要的本身和外界环境的各种参数及状态物理量进行检测，生成相应的可识别信号，并传输到信息处理单元，经过分析、处理后产生相应的控制信息。这一功能一般由专门的传感器及转换电路完成，主要包括各种传感器及其信号检测电路，其作用就是监测机电一体化系统工作过程中本身和外界环境有关参量的变化，并将信息传递给电子控制单元，电子控制单元根据检测到的信息向执行器发出相应的控制指令。机电一体化系统的要求：传感器精度、灵敏度、响应速度和信噪比高；漂移小，稳定性高；可靠性好；不易受被测对象特征（如电阻、磁导率等）的影响；对抗恶劣环境条件（如油污、高温、泥浆等）的能力强；体积小，重量轻，对整机的适应性好；不受高频干扰和强磁场等外部环境的影响；操作性能好，现场维修处理简单；价格低廉。

（4）执行机构单元

执行机构单元的功能就是根据控制信息和指令驱动机械部件运动从而完成要求动作。执行机构是运动部件，它将输入的各种形式的能量转换为机械能。常用的执行机构可分为两类。一是电气式执行部件，按运动方式的不同又可分为旋转运动元件和直线运动元件。其中，旋转运动元件主要指各种电动机，直线运动元件有电磁铁、压电驱动器等。二是气压和液压式执行部件，主要包括液压缸和液压马达等执行元件。根据机电一体化系统的匹配性要求，执行机构需要考虑改善系统的动、静态性能，一方面要求执行器效率高、响应速度快，另一方面要求对水、油、温度、尘埃等外部环境的适应性好，可靠性高。例如，提高刚性、减小重量和保持适当的阻尼，应尽量考虑组件化、标准化和系列化，以提高系统的整体可靠性等。由于电工电子技术的高度发展，高性能步进驱动、直流和交流伺服驱动电机已大量应用于机电一体化系统。

（5）控制及信息处理单元

控制及信息处理单元是机电一体化系统的核心部分。其功能就是完成来自各传感器的检测信息的数据采集和外部输入命令的集中、储存、计算、分析、判断、加工、决策。根据信息处理结果，按照一定的程序和节奏发出相应的控制信息或指令，通过输出接口送往执行机构，控制整个系统有目的地运行，并达到预期的信息控制目的。对于智能化程度高的系统，还包含了知识获取、推理及知识自学习等以知识驱动为主的信息控制。控制及信息单元由硬件和软件组成，系统硬件一般由计算机、可编程逻辑控制器（PLC）、数控装置以及逻辑电路、A/D 与 D/A 转换、I/O（输入/输出）接口和计算机外部设备等组成；系统软件为固化在计算机存储器内的信息处理和控制程序，该程序根据系统正常工作的要求而编写。机电一体化系统对控制和信息处理单元的基本要求是提高信息处理速度和可靠性，增强抗干扰能力以及完善系统自诊断功能，实现信息处理智能化和小型、轻量、标准化等。

以上五单元通常称为机电一体化的五大组成要素。在机电一体化系统中这些单元和它们内部各环节之间都遵循接口耦合、运动传递、信息控制、能量转换的原则。机电一体化产品的五个基本组成要素之间并非彼此无关或简单拼凑、叠加在一起，工作中它们各司其职，互相补充、互相协调，共同完成规定的功能。即在机械本体的支持下，由传感器检测产品的运行状态及环境变化，将信息反馈给电子控制单元，电子控制单元对各种信息进行处理，并按要求控制执行器的运动，执行器的能源则由动力部分提供。在结构上，各组成要素通过各种接口及相关软件有机地结合在一起，构成一个内部合理匹配、外部效能最佳的完整产品。

例如，日常使用的全自动照相机就是典型的机电一体化产品，其内部装有测光测距传感器，所测信号由微处理器进行处理，再根据信息处理结果控制微型电动机，并由微型电动机驱动快门、变焦及卷片、刀片机构。这样，从测光、测距、调光、调焦、曝光到卷片、刀片、闪光及其他附件的控制都实现了自动化。

又如，汽车上广泛应用的发动机燃油喷射控制系统也是典型的机电一体化系统。分布在发动机上的空气流量计、水温传感器、节气门位置传感器、曲轴位置传感器、进气歧管绝对压力传感器、爆燃传感器、氧传感器等连续不断地检测发动机的工作状况和燃油在燃烧室的燃烧情况，并将信号传给电子控制装置 ECUO ECU。首先根据进气歧管绝对压力传感器或空气流量计的进气量信号及发动机转速信号，计算基本喷油时间，然后再根据发动机的水温、节气门开度等工作参数信号对其进行修正，确定当前工况下的最佳喷油持续时间，从而控制发动机的空燃比。此外，根据发动机的要求，ECU 还具有控制发动机的点火时间、怠速转速、废气再循环率、故障自诊断等功能。

3. 机电一体化系统的相关技术

机电一体化系统是多学科领域技术的综合交叉应用，是技术密集型的系统工程，其主要包括机械技术、传感检测技术、计算机与信息处理技术、自动控制技术、伺服驱动技术和系统总体技术等。现代机电一体化产品甚至还包含了光、声、磁、液压、化学、生物等技术的应用。

（1）机械技术

机械技术是机电一体化的基础。随着高新技术引入机械行业，机械技术面临着挑战和变革。在机电一体化产品中，机械技术（机械设计与机造技术）不再是单一地完成系统间的连接，而是要优化设计系统的结构、重量、体积、刚性和寿命等参数对机电一体化系统的综合影响。机械技术的着眼点在于如何与机电一体化技术相适应，利用其他高新技术来更新概念，实现结构、材料、性能以及功能上的变更，以满足减少重量、缩小体积、提高精度、提高刚度、改善性能和增加功能的要求。

在机电一体化系统制造过程中，经典的机械理论与工艺应借助于计算机辅助技术，同时采用人工智能与专家系统等形成新一代机械制造技术，而原有的机械技术则以知识和技能的形式存在。

（2）传感检测技术

传感与检测装置是系统的感受器官，它与信息系统的输入端相连，并将检测到的信息输送到信息处理部分。传感与检测是实现自动控制、自动调节的关键环节，它的功能越强，系统的自动化程度就越高。传感与检测的关键元件是传感器。传感器是将被测量（包括各种物理量、化学量和生物量等）变换成系统可识别的、与被测量有确定对应关系的有用电信号的一种装置。

现代工程技术要求传感器能快速、精确地获取信息，并能经受各种环境的影响。与计算机技术相比，传感器的发展显得迟缓，难以满足机电一体化技术发展的要求。不少机电一体化装置不能达到满意的效果或无法实现预期的设计，关键原因在于没有较好的传感器。传感检测技术研究的内容包括两个方面：一是研究如何将各种被测量（物理量、化学量、生物量等）转换为与之成正比的电量；二是研究如何对转换后的电信号进行加工处理，如放大、补偿、标定、变换等。因此，大力开展传感器的研究对于机电一体化技术的发展具有十分重要的意义。

（3）计算机与信息处理技术

信息处理技术包括信息的交换、存取、运算、判断和决策，实现信息处理的工具是计算机。这里，计算机相当于人类的大脑，指挥整个系统的运行。计算机技术包括计算机的软件技术和硬件技术、网络和通信技术、数据技术等。在机电一体化系统中，主要采用工业控制机（包括可编程序控制器、单片机、总线式工业控制机）等微处理器进行信息处理，可方便高效地实现信息交换、存取、运算、判断和决策。

在机电一体化系统中，计算机信息处理部分指挥整个系统的运行。信息处理是否正确、及时，直接影响到系统工作的质量和效率。计算机与信息处理技术已成为促进机电一体化技术发展和变革的最活跃的因素。

（4）自动控制技术

自动控制技术范围很广，机电一体化技术在基本控制理论指导下，对具体控制装置或控制系统进行设计，并对设计后的系统进行仿真和现场调试，最后使研制的系统可靠地投入运行。由于控制对象种类繁多，因此，控制技术的内容极其丰富，有开环控制、闭环控制、传递函数、时域分析、频域分析、校正等基本内容，还有高精度位置控制、速度控制、自适应控制、自诊断、校正、补偿、再现、检索等内容，以满足机电一体化系统控制的稳、准、快要求。由于控制对象种类繁多，因而控制技术的内容极其丰富，例如，定值控制、随动控制、自适应控制、预测控制、模糊控制、学习控制等。

随着微型机的广泛应用，自动控制技术越来越多地与计算机控制技术联系在一起，成为机电一体化中十分重要的关键技术，以解决现代控制理论的工程化与实用化以及优化控制模型的建立等问题。

（5）伺服驱动技术

"伺服"（Serve）即"伺候服侍"的意思。伺服驱动技术就是在控制指令的指挥下，控制驱动元件，使机械运动部件按照指令要求进行运动，并保持良好的动态性能。伺服驱动技术包括电动、气动、液压等各种类型的驱动装置，由微型计算机通过接口与传动装置相连接，控制它们的运动，带动工作机械做回转、直线以及其他各种复杂的运动。伺服驱动技术是直接执行操作的技术，伺服系统是实现电信号到机械动作的转换装置或部件，对系统的动态性能、控制质量和功能具有决定性影响。常见的伺服驱动有电液马达、脉冲油缸、步进电机、直流伺服电机和交流伺服电机等。由于变频技术的发展，交流伺服驱动技术取得突破性进展，为机电一体化系统提供了高质量的伺服驱动单元，极大地促进了机电一体化技术的发展。

（6）系统总体技术

系统总体技术是一种从整体目标出发，用系统的观点立于全局角度，将总体分解成相互有机联系的若干单元，并找出能完成各个功能的技术方案，再把功能和技术方案组成方案组进行分析、评价和优选的综合应用技术。系统总体技术解决的是系统的性能优化问题和组成要素之间的有机联系问题，即使各个组成要素的性能和可靠性很好，但如果整个系统不能很好地协调，那么系统也很难正常运行。

接口技术是系统总体技术的关键环节，主要包括电气接口、机械接口和人机接口。其中，电气接口实现系统间的信号联系；机械接口完成机械与机械部件、

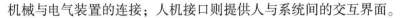

机械与电气装置的连接；人机接口则提供人与系统间的交互界面。

此外，机电一体化系统还与通信技术、软件技术、可靠性技术、抗干扰技术等密切相关。

4. 机电一体化技术与其他相关技术的区别

机电一体化技术有着自身的显著特点和技术范畴，为了正确理解和运用机电一体化技术，必须认识机电一体化技术与其他技术之间的区别。

（1）机电一体化技术与传统机电技术的区别

传统机电技术的操作控制主要是通过具有电磁特性的各种器件来实现的，如继电器、接触器等，在设计中不考虑或很少考虑它们彼此间的内在联系。机械本体和电气驱动界限分明，整个装置是刚性的，不涉及软件和计算机控制。机电一体化技术以计算机为控制中心，在设计过程中强调机械部件和电器部件间的相互作用和影响，整个装置在计算机控制下具有一定的智能性。机电一体化的本质特性仍然是一个机械系统，其最主要的功能仍然是进行机械能和其他形式能量的转换，利用机械能实现物料搬移或形态变化以及实现信息传递和变换。机电一体化系统与传统机械系统的不同之处是充分利用计算机技术、传感检测技术和可控驱动元件特性，实现机械系统的现代化、自动化、智能化。

（2）机电一体化技术与并行工程的区别

机电一体化技术在设计和制造阶段就将机械技术、微电子技术、计算机技术、控制技术和传感检测技术有机地结合在一起，十分注意机械和其他部件之间的相互作用。并行工程各种技术的应用相对独立，只在不同技术内部进行设计制造，并通过简单叠加完成整体装置。

（3）机电一体化技术与自动控制技术的区别

自动控制技术的侧重点是讨论控制原理、控制规律、分析方法和自动系统的构造等。机电一体化技术将自动控制原理及方法作为重要支撑技术，将自控部件作为重要控制部件，应用自控原理和方法，对机电一体化装置进行系统分析和性能测算。机电一体化技术侧重于用微电子技术改变传统的控制方法与方案，采用更适合于被控对象的新方法进行优化设计，而不仅仅是把传统控制改变成计算机控制，它提出的新方法、新方案往往具有革命性和创新性。例如，从异步电动机控制机床进给到用计算机控制伺服电机控制机床进给，从机床主轴的反转制动到现代数控机床的主轴准停和主轴进给，从机床内链环的螺纹加工到具有编码器的自动控制与检测的螺纹加工，从汽车工业发动机化油器供油到电子燃油喷射，从纺织工业的有梭织机到喷气、喷水式无梭织机，从纹板笼头控制提花方式到电子计算机提花方式的转变等。

（4）机电一体化技术与计算机应用技术的区别

机电一体化技术只是将计算机作为核心部件应用，目的是提高和改善机电一体化系统的性能。计算机在机电一体化系统中的应用仅仅是计算机应用技术中的一部分，它还可以在办公、管理及图像处理等方面得到广泛应用，机电一体化技术研究的是机电一体化系统，而不是计算机应用本身。

5. 机电一体化技术的特点

机电一体化技术体现在产品、设计、制造以及生产经营管理等方面的特点如下。

（1）简化机械结构，操作方便，提高精度

在机电一体化产品中，通常采用伺服电机来驱动机械系统，从而缩短甚至取消了机械传动链，这不但简化了机械结构，还减少了由于机械摩擦、磨损、间隙等引起的动态误差。有时也可以用闭环控制来补偿机械系统的误差，以提高系统的精度，实现最佳操作。

（2）易于实现多功能和柔性自动化

在机电一体化产品中，计算机控制系统不但取代其他的信息处理和控制装置，而且易于实现自动检测、数据处理、自动调节和控制、自动诊断和保护，还可以自动显示、记录和打印等。此外，计算机硬件和软件结合能实现柔性自动化，并具有较大的灵活性。

（3）产品开发周期缩短、竞争能力增强

机电一体化产品可以采用专业化生产的、高质量的机电部件，通过综合集成技术来设计和制造，不但产品的可靠性高，而且在使用期限内无须修理，从而缩短了产品开发周期，增强了产品在市场上的竞争能力。

（4）生产方式向高柔性、综合自动化方向发展

各种机电一体化设备构成的 FMS 和 CIMS，使加工、检测、物流和信息流过程融为一体，形成人少或无人化生产线、车间和工厂。近年来，日本有些大公司已采用了所谓的灵活的生产体系，即根据市场需要，在同一生产线上可分时生产批量小、型号或品种多的系列产品家族，如计算机、汽车、摩托车、肥皂和化妆品等系列产品。

（5）促进经营管理体制发生根本性的变化

由于市场的导向作用，产品的商业寿命日益缩短。为了占领国内外市场和增强竞争能力，企业必须重视用户信息的收集和分析，迅速做出决策，促使企业从

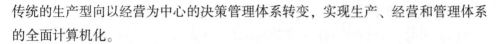

传统的生产型向以经营为中心的决策管理体系转变，实现生产、经营和管理体系的全面计算机化。

（二）机电一体化系统的设计

在机电一体化系统（或产品）的设计过程中，要坚持机电一体化技术的系统思维方法，从系统整体的角度出发分析和研究各个组成要素间的有机联系，确定系统各环节的设计方法，并用自动控制理论的相关手段，采用微电子技术控制方式，进行系统的静态特性和动态特性分析，实现机电一体化系统的优化设计。

1. 机电一体化产品的分类

机电一体化产品所包括的范围极为广泛，几乎渗透到人们日常生活与工作的每一个角落，其主要产品如下。

大型成套设备：大型火力、水力发电设备，大型核电站，大型冶金轧钢设备，大型煤化、石化设备，制造大规模及超大规模集成电路设备等；

数控机床：数控机床、加工中心、柔性制造系统（FMS）、柔性制造单元（FMC）、计算机集成制造系统（CIMS）等；

仪器仪表电子化：工艺过程自动检测与控制系统、大型精密科学仪器和试验设备、智能化仪器仪表等；

自动化管理系统；

电子化量具量仪；

工业机器人、智能机器人；

电子化家用电器；

电子医疗器械：病人电子监护仪、生理记录仪、超声成像仪、康复体疗仪器、数字X射线诊断仪、CT成像设备等；

微电脑控制加热炉：工业锅炉、工业窑炉、电炉等；

电子化控制汽车及内燃机；

微电脑控制印刷机械；

微电脑控制食品机械及包装机械；

微电脑控制办公机械：复印机、传真机、打印机、绘图仪等；

电子式照相机；

微电脑控制农业机械；

微电脑控制塑料加工机械；

计算机辅助设计、制造、集成制造系统。

对于如此广泛的机电一体化产品可按用途和功能进行分类。其中，按用途可分为三类：第一类是生产机械，即以数控机床、工业机器人和柔性制造系统（FMS）为代表的机电一体化产品；第二类是办公设备，主要包括传真机、打印机、电脑打字机、计算机绘图仪、自动售货机、自动取款机等办公自动化设备；第三类是家电产品，主要有电冰箱、摄像机、全自动洗衣机、电子照相机产品等。

2. 机电一体化系统（产品）设计的类型

对于机电一体化系统（产品）设计的类型，依据该系统与相关产品比较的新颖程度和技术独创性可分为开发性设计、适应性设计和变参数设计。

（1）开发性设计

所谓开发性设计，就是在没有参考样板的情况下，通过抽象思维和理论分析，依据产品性能和质量要求设计出系统原理和制造工艺。开发性设计属于产品发明专利范畴，最初的电视机和录像机等都属于开发性设计。

（2）适应性设计

所谓适应性设计，就是在参考同类产品的基础上，在主要原理和设计方案保持不变的情况下，通过技术更新和局部结构调整使产品的性能、质量提高或成本降低的产品开发方式。这一类设计属于实用新型专利范畴，例如，用电脑控制的洗衣机代替机械控制的半自动洗衣机，用照相机的自动曝光代替手动调整等。

（3）变参数设计

所谓变参数设计，就是在设计方案和结构原理不变的情况下，仅改变部分结构尺寸和性能参数，使其适用范围发生变化。例如，同一种产品的不同规格型号的相同设计。

3. 机电一体化系统（产品）设计方案的常用方法

在进行机电一体化系统（产品）设计之前，要依据该系统的通用性、可靠性、经济性和防伪性等要求合理地确定系统的设计方案。拟定设计方案的方法通常有取代法、整体设计法和组合法。

（1）取代法

所谓取代法，就是用电气控制取代原系统中的机械控制机构。该方法是改造旧产品、开发新产品或对原系统进行技术改造的常用方法，也是改造传统机械产品的常用方法。例如，用伺服调速控制系统取代机械式变速机构，用可编程序控制器取代机械凸轮控制机构及中间继电器。这不但大大简化了机械结构和电气控制，而且提高了系统的性能和质量。

（2）整体设计法

整体设计法主要用于新系统（或产品）的开发设计。在设计时完全从系统的整体目标出发，考虑各子系统的设计。由于设计过程始终围绕着系统整体性能要求，各环节的设计都兼顾了相关环节的设计特点和要求，因此，使系统各环节间接口有机融合、衔接方便，且大大提高了系统的性能指标，制约了仿冒产品的生产。该方法的缺点是设计和生产过程的难度较大，周期较长，成本较高，维修和维护难度较大。例如，机床的主轴和电机转子合为一体；直线式伺服电机的定子绕组埋藏在机床导轨之中；带减速装置的电动机和带测速的伺服电机等。

（3）组合法

所谓组合法，就是选用各种标准功能模块组合设计成机电一体化系统。例如，设计一台数控机床，可以依据机床的性能要求，通过对不同厂家的计算机控制单元、伺服驱动单元、位移和速度测试单元以及主轴、导轨、刀架、传动系统等产品的评估分析，研究各单元间接口关系和各单元对整机性能的影响，通过优化设计确定机床的结构组成。用此方法开发的机电一体化系统（产品）具有设计研制周期短、质量可靠、生产成本低、有利于生产管理和系统的使用维护等优点。

4. 机电一体化系统设计过程

所谓系统设计，就是用系统思维综合运用各有关学科的知识、技术和经验，在系统分析的基础上，通过总体研究和详细设计等环节，落实到具体的项目上，以实现满足设计目标的产品研发过程。系统设计的基本原则是使设计工作获得最优化效果，在保证目的功能要求与适当使用寿命的前提下不断降低成本。

系统设计的过程就是"目标—功能—结构—效果"的多次分析与综合的过程。其中，综合可理解为各种解决问题要素拼合的模型化过程，这是一种高度的创造行为。分析则是综合的反行为，也是提高综合水平的必要手段。分析就是分解与剖析，对综合后的解决方案质疑、论证和改革。通过分析，排除不合适的方案或方案中不合适的部分，为改善、提高和评价做准备。综合与分析是相互作用的。当一种基本设想（方案）产生后，接着就要分析它，找出改进方向。这个过程一直持续进行，直到一个方案继续进行或被否定为止。

（1）机电一体化系统的设计流程

机电一体化系统设计的流程可概括如下。

①确定系统的功能指标

机电一体化系统的功能是改变物质、信号或能量的形式、状态、位置或特征，归根结底应实现一定的运动并提供必要的动力。其实现运动的自由度数、轨迹、行程、精度、速度、稳定性等性能指标，通常要根据工作对象的性质，特别是根据系统所能实现的功能指标来确定。对于用户提出的功能要求系统一定要满足，反过来对于产品的多余功能或过剩功能则应设法剔除。即首先进行功能分析，明确产品应具有的工作能力，然后提出产品的功能指标。

②总体设计

机电一体化系统总体设计的核心是构思整机原理方案，即从系统的观点出发把控制器、驱动器、传感器、执行器融合在一起通盘考虑，各器件都采用最能发挥其特长的物理效应实现，并通过信息处理技术把信号流、物质流、能量流与各器件有机地结合起来，实现硬件组合的最佳形式——最佳原理方案。

③总体方案的评价、决策

通过总体设计的方案构思与要素的结构设计，常可以得出不同的原理方案与结构方案，因此，必须对这些方案进行整体评价，择优采用。

④系统要素设计及选型

对于完成特定功能的系统，其机械主体、执行器等一般都要自行设计，而对驱动器、检测传感器、控制器等要素，既可选用通用设备，也可设计成专用器件。另外，接口设计问题也是机械技术和电子技术的具体应用问题。通常，驱动器与执行器之间、传感器与执行器之间的传动接口都是机械传动机构，即机械接口；控制器与驱动器之间的驱动接口则是电子传输和转换电路，即电子接口。

⑤可靠性、安全性复查

机电一体化产品既可能产生机械故障，又可能产生电子故障，而且容易受到电噪声的干扰，其可靠性和安全性问题尤为突出，这也是用户最关心的问题之一。因此，在产品设计的过程中，要充分考虑必要的可靠性设计与措施，在产品初步设计完成后，还应进行可靠性与安全性的检查和分析，对发现的问题采取及时有效的改进措施。

（2）机电一体化系统设计的途径

机电一体化系统设计的主要任务是创造出在技术上、艺术上具有高技术经济指标与使用性能的新型机电一体化产品。设计质量和完成设计的时间在很大程度上取决于设计组织工作的合理完善，同时也取决于设计手段的合理化及自动化程度。因此，加快机电一体化系统设计的途径主要从以下两个方面来考虑。

第一，针对具体的机电一体化产品设计任务，安排既有该产品专业知识又有机电一体化系统设计能力的设计人员担任总体负责。每个设计人员除了具备机电一体化系统设计的一般能力之外，应在一定方向上积累经验，成为某个方面设计工作的专业化人员。这种专业化对于提高机电一体化产品的设计水平和加快设计速度都是十分有益的。

熟练地采用各种标准化和规范化的组件、器件和零件对于提高设计质量和设计工作效率有很大的意义。机电一体化系统的产品虽然是各种高技术综合的结果，但无论是机械工程还是电子工程中都有很多标准化和规范化的组件、器件或零件，能否合理地大量采用这些标准运用器件，是衡量机电一体化系统设计人员设计能力的一个重要标志。

设计人员和工艺人员在设计工作的各个阶段都应保持经常性的工作接触，这对缩短设计时间、提高设计质量能起到较大的作用。

第二，选择哪一种手段实现设计的合理化，主要取决于主设计的规模和特点，同时也受设计部门本身的设计手段限制。

随着科学技术的高度发展和人民生活水平的提高，人们迫切要求大幅度提高机电一体化系统设计工作的质量和速度，因此，在机电一体化系统设计中推广和运用现代设计方法，提高设计水平，是机电一体化系统设计发展的必然趋势。现代设计方法与用经验公式、图表和手册为设计依据的传统方法不同，它以计算机为手段，其设计步骤通常是：设计预测—信号分析—科学类比—系统分析设计—创造设计—选择各种具体的现代设计方法（如相似设计法、模拟设计法、有限元法、可靠性设计法、动态分析法、优化设计法、模糊设计法等）—机电一体化系统设计质量的综合评价。

（3）机电一体化系统设计的过程

机电一体化系统是从简单的机械产品发展而来的，其设计方法、程序与传统的机械产品类似，一般要经过市场调研、总体方案设计、详细设计、样机试制与试验、小批量生产和大批量生产（正常生产）几个阶段。

①市场调研

在设计机电一体化系统之前，必须进行详细的市场调研。市场调研包括市场调查和市场预测。市场调查就是运用科学的方法，系统、全面地收集所设计产品市场需求和经销方面的情况和资料，分析研究产品在供需双方之间进行转移的状况和趋势。市场预测就是在市场调查的基础上，运用科学方法和手段，根据历史资料和现状，通过定性的经验分析或定量的科学计算，对市场未来的不确定因素和条件做出预计、测算和判断，为产品的方案设计提供依据。

市场调研的对象主要为产品潜在的用户，调研的主要内容包括市场对同类产品的需求量、该产品潜在的用户、用户对该产品的要求（该产品有哪些功能，具有什么性能等）和所能承受的价格范围等。此外，目前国内外市场上销售的同类产品的情况，如技术特点、功能、性能指标、产销量及价格、使用过程中出现的问题等也是市场调研需要调查和分析的信息。

市场调研一般采用实地走访调查、类比调查、抽样调查或专家调查法等方法。走访调查就是直接与潜在的经销商和用户接触，收集查找与所设计产品有关的经营信息和技术经济信息。类比调查就是调查了解国内外其他单位开发类似产品的过程、速度和背景等情况，并分析比较其与自身环境条件的相似性和不同点，以此推测该种技术和产品开发的可能性和前景。抽样调查就是通过在有限范围调查和收集的资料、数据来推测总体的方法，在抽样调查时要注意问题的针对性、对象的代表性和推测的局限性。专家调查法就是通过调查表向有关专家征询对该产品的意见。

最后对调研结果进行仔细分析，撰写市场调研报告。市场调研的结果应能为产品的方案设计与细化设计提供可靠的依据。

②总体方案设计

产品方案构思。一个好的产品构思，不仅能带来技术上的创新、功能上的突破，还能带来制造过程的简化、使用的方便，以及经济上的高效益。因此，机电一体化产品设计应鼓励创新，充分发挥设计人员的创造能力和聪明才智来构思新的方案。产品方案构思完成后，以方案图的形式将设计方案表达出来。方案图应尽可能简洁地反映出机电一体化系统各组成部分的相互关系，同时应便于后面的修改。

方案的评价。应对多种构思和多种方案进行筛选，选择较好的可行方案进行分析组合和评价，再从中挑选几个方案按照机电一体化系统设计评价原则和评价方法进行深入的综合分析评价，最后确定实施方案。如果找不到满足要求的系统总体方案，则需要对新产品目标和技术规范进行修改，重新确定系统方案。

③详细设计

详细设计就是根据综合评价后确定的系统方案，从技术上将其细节全部逐层展开，直至完成产品样机试制所需全部技术图纸及文件的过程。根据系统的组成，机电一体化系统详细设计的内容包括机械本体及工具设计、检测系统设计、人—机接口与机—电接口设计、伺服系统设计、控制系统设计及系统总体设计。

根据系统的功能与结构，详细设计又可以分解为硬件系统设计与软件系级设计。除了系统本身的设计以外，在详细设计过程中还需完成后备系统的设计、设计说明书的编写和产品出厂及使用文件的设计等内容。在机电一体化系统设计过程中，详细设计是最烦琐费时的过程，需要反复修改，逐步完善。

④样机试制与试验

在完成产品的详细设计后，即可进入样机试制与试验阶段。根据制造的成本和性能试验的要求，一般需要制造几台样机供试验使用。样机的试验分为实验室试验和实际工况试验，通过试验考核样机的各种性能指标及其可靠性。如果样机的性能指标和可靠性不满足设计要求，则要修改设计，重新制造样机，重新试验；如果样机的性能指标和可靠性满足设计要求，则进入产品的小批量生产阶段。

⑤小批量生产

产品的小批量生产阶段实际就是产品的试生产试销售阶段。这一阶段的主要任务是跟踪调查产品在市场上的情况，收集用户意见，发现产品在设计和制造方面存在的问题，并反馈给设计、制造和质量控制部门。

⑥大批量生产

经过小批量试生产和试销售的考核，排除产品设计和制造中存在的各种问题后，即可投入大批量生产。

（三）机电一体化的发展趋势

1. 机电一体化的技术现状

机电一体化的发展大体可以分为以下三个阶段。

（1）20世纪60年代以前为第一阶段，这一阶段称为初级阶段

这一时期，人们自觉不自觉地利用电子技术的初步成果来完善机械产品的性能。特别是在第二次世界大战期间，战争刺激了机械产品与电子技术的结合，这些机电结合的军用技术在战后转为民用，对战后经济的恢复起了积极的作用。那时的研制和开发从总体上看还处于自发状态。由于当时电子技术的发展尚未达到一定水平，机械技术与电子技术的结合还不可能广泛和深入发展，已经开发的产品也无法大量推广。

（2）20世纪70—80年代为第二阶段，这一阶段称为蓬勃发展阶段

这一时期，计算机技术、控制技术、通信技术的发展，为机电一体化的发展奠定了技术基础。大规模、超大规模集成电路和微型计算机的迅猛发展，为机电一体化的发展提供了充分的物质基础。这个时期的特点是：Mechatronics 一词首

先在日本被普遍接受，大约到 20 世纪 80 年代末期在世界范围内得到比较广泛的承认；机电一体化技术和产品得到了极大发展；各国均开始对机电一体化技术和产品给以很大的关注和支持。

（3）20 世纪 90 年代以来，开始了机电一体化技术向智能化方向迈进的新阶段，机电一体化进行深入发展阶段

这一时期，一方面，光学、通信技术等进入了机电一体化，微细加工技术也在机电一体化中崭露头角，出现了光机电一体化和微机电一体化等新分支；另一方面，人们对机电一体化系统的建模设计、分析和集成方法以及机电一体化的学科体系和发展趋势都进行了深入研究。同时，由于人工智能技术、神经网络技术及光纤技术等领域取得的巨大进步，也为机电一体化技术开辟了发展的新天地。进入"工业 4.0"时代后，制造业向智能化转型，这些研究将促使机电一体化进一步建立完整的基础和逐渐形成完整的科学体系。

我国是发展中国家，与发达国家相比工业技术水平存在一定差距，但有广阔的机电一体化应用开拓领域和技术产品潜在市场。改革开放以来，面对国际市场激烈竞争的形势，我国充分认识到机电一体化技术对经济发展具有战略意义，因此，十分重视机电一体化技术的研究、应用和产业化，在利用机电一体化技术开发新产品和改造传统产业结构及装备方面都有明显进展，取得了较大的社会效益和经济效益。

在发展数控技术的同时，我国已研制成功了用于喷漆、焊接、搬运以及能前后行走的、能爬墙、能上下台阶、能在水下作业的多种类型机器人。在 CIMS 研究方面，我国已在清华大学建成国家 CIMS 工程研究中心，并在一些著名大学和研究单位建立了 C1MS 单元技术实验室和 CIMS 培训中心，目前已有数十家企业在国家立项实施 CIMS。近年来，我国在高铁、航空航天、军事装备及汽车等领域亦取得诸多国际上标志性成果，形成自主知识产权及品牌。上述成果的取得使我国在制造业机电一体化的研究和应用方面积累了一定的经验，这必将推动我国机电一体化技术向更高层次纵深发展。

2. 机电一体化技术的发展趋势

随着科学技术的发展和社会经济的进步，人们对机电一体化技术提出了许多新的和更高的要求。机械制造自动化中的计算机数控、柔性制造、计算机集成制造及机器人技术的发展代表了机电一体化技术的发展水平。

为了提高机电产品的性能和质量，发展高新技术，现在有越来越多的零件对制造精度的要求越来越高，其形状也越来越复杂，例如，高精度轴承的滚动体圆度要求小于 0.2，液浮陀螺球面的球度要求为 0.1~0.5，激光打印机的平面反射

镜和录像机磁头的平面度要求为 0.4，粗糙度为 0.2 等。这些均要求数控设备具有高性能、高精度和稳定加工复杂形状零件表面的能力。因此，新一代机电一体化产品正朝着高性能化、智能化、系统化、模块化、网络化、人格化以及轻量化、微型化、绿色化方向发展。

（1）机电一体化的高性能化

高性能化一般包含高速度、高精度、高效率和高可靠性等趋势。现代数控设备就是以此"四高"为基础，为满足生产急需而诞生的。它采用 32 位多 CPU 结构，以多总线连接，以 32 位数据宽度进行高速数据传递。在相当高的分辨率情况下，该系统具有较高的速度，其可控及联动坐标达 16 轴，并且有丰富的图形功能和自动程序设计功能。为获取高效率，减少辅助时间，必须在主轴转速进给率、刀具交换、托板交换等关键部分实现高速化；为提高速度，一般采用实时多任务操作系统，进行并行处理，使运算能力进一步加强，通过设置多重缓冲器，保证连续微小加工段的高速加工。对于复杂轮廓，通常采用快速插补运算将加工形状用微小线段来逼近。在高性能数控系统中，除了具有直线、圆弧、螺旋线插补等一般功能外，还配置有特殊函数插补运算，如样条函数插补等。微位置段命令用样条函数来逼近，保证了位置、速度、加速度都具有良好的性能，并设置专门函数发生器、坐标运算器进行并行插补运算。对于高速度，超高速通信技术、全数字伺服控制技术均是其重要方面。

高速度和高精度是机电一体化的重要指标。其中，高分辨率、高速响应的绝对位置传感器是实现高精度的检测部件。若采用这种传感器并通过专用微处理器细分处理，则可达到极高的分辨率。当采用交流数字伺服驱动系统时，其位置、速度及电流环都实现了数字化，实现了几乎不受机械载荷变动影响的高速响应伺服系统和主轴控制装置。与此同时，还出现了高速响应内装式主轴电机，它把电机作为一体装入主轴之中，实现了机电融为一体，使系统得到极佳的高速度和高精度。

至于系统可靠性方面，一般采用冗余、故障诊断、自动检错、系统自动恢复以及软/硬件可靠性等技术，使得机电一体化产品具有高性能。对于普及经济型以及升级换代提高型的机电一体化产品，因其组成部分，如命令发生器、控制器、驱动器、执行器以及检测传感器等都在不断采用具有高速度、高精度、高分辨率、高速响应和高可靠性的零部件，因此，产品的性能也在不断提高。

（2）机电一体化的智能化趋势

在机电一体化技术中，人们对人工智能的研究日益重视，其中，无人驾驶的飞机、无人驾驶的汽车、机器人与数控机床的智能化就是人工智能在机电一体化技术中的重要应用。智能机器人通过视觉、触觉和听觉等传感器检测工作状态，根据实际变化过程反馈信息并做出判断与决定。数控机床的智能化体现在依靠各类传感器对切削加工前后和加工过程中的各种参数进行监测，并通过计算机系统做出判断，自动对异常现象进行调整与补偿，以保证顺利加工出合格的产品。目前，国外数控加工中心多具有以下智能化功能：对刀具长度、直径的补偿和刀具破损的监测，对切削过程的监测，工件自动检测与补偿等。随着制造自动化程度的提高，信息量与柔性也同样提高，并出现了智能制造系统（IMS）控制器模拟人类专家的智能制造活动。该控制器能对制造中的问题进行分析、判断、推理、构思和决策，可取代或延伸制造工程中人的部分脑力劳动，并对人类专家的制造智能进行收集、存储、完善、共享、继承和发展。

总的来说，机电一体化的智能化趋势包括以下几个方面。

①诊断过程的智能化

诊断功能的强弱是评价一个系统性能的重要智能指标之一。引入人工智能的故障诊断系统，能采用各种推理机制准确判断故障所在，并具有自动检错、纠错与系统恢复功能，大大提高了系统的有效度。

②人机接口的智能

智能化的人机接口，可以大大简化操作过程，其中包含多媒体技术在人机接口智能化中的有效应用。

③自动编程的智能化

操作者只需输入加工工件素材的形状和需加工形状的数据，就可自动生成全部加工程序，主要包括：素材形状和加工形状的图形显示；自动工序的确定；使用刀具、切削条件的自动确定；刀具使用顺序的变更；任意路径的编辑；加工过程干涉校验等。

④加工过程的智能化

加工过程的智能化主要包括：建立智能工艺数据库，当加工条件变更时，系统自动设定加工参数；将机床制造时的各种误差预先存入系统中，利用反馈补偿技术对静态误差进行补偿；对加工过程中的各种动态数据进行采集，并通过专家系统分析进行实时补偿或在线控制。

（3）机电一体化的系统化趋势

机电一体化的系统化趋势主要表现如下。

①进一步采用开放式和模式化的总线结构

采用开放式和模式化的总线结构使系统可以灵活组态，进行任意剪裁和组

合，同时寻求实现多坐标多系列控制功能的 NC 系统。

②大大加强机电一体化系统的通信功能

除 RS-232 等常用通信方式外，实现远程及多系统通信联网需要的局部网络（LAN）也逐渐被采用，且标准化 LAN 的制造自动化协议（MAP）已开始进入 NC 系统，从而可实现异型机异网互联及资源共享。

（4）机电一体化的轻量化及微型化发展趋势

一般来说，对于机电一体化产品，除了机械主体部分外，其他部分均涉及电子技术。随着片式元器件（SMD）的发展，表面组装技术（SMT）正在逐渐取代传统的通孔插装技术（THT）成为电子组装的重要手段，目前，电子设备正朝着小型化、轻量化、多功能和高可靠性方向发展。20 世纪 80 年代以来，SMT 发展异常迅速。1993 年，世界电子元件片式化率达到 45% 以上。因此，机电一体化中具有智能、动力、运动、感知特征的组成部分将逐渐向轻量化、小型化方向发展。

20 世纪 80 年代末，微型机械电子学及相应结构、装置和系统的开发研究取得了综合成果，科学家利用集成电路的微细加工技术，将工作机构与其驱动器、传感器、控制器与电源集成在一个很小的多晶硅上，使整个装置的尺寸缩小到几毫米甚至几百微米，从而获得完备的微型电子机械系统，这表明机电一体化技术已进入微型化的研究领域。目前，这种微型机电一体化系统已在工业、农业、航天、军事、生物医学、航海及家庭服务等领域广泛应用，它的发展将使现行的某些产业或领域发生深刻的技术革命。

机电一体化技术专业与其他相关专业之间的关系，总体来说相互交融，各具特色，毕业生具有跨行业就业的素质与能力。

二、机电专业与数控技术专业之间的关系

数控技术专业是培养具有现代制造技术专业知识和技能，掌握数控设备工作原理、结构及数控编程的基本知识，具备较强的从事数控编程、数控加工、数控机床检修与维护、生产管理及一定的技术改造等实际工作能力的人才。

数控技术专业毕业生应具备的专业能力应该根据不同的地区和学院而制定，其主要内容包括：具有识读和绘制机械工程图样能力；具有机械零部件分析与拆装能力；具有工艺设计和工装设计等方面的技术应用能力；具有零件检测与质量控制能力；具有传统机械加工制造能力；具有较强的数控机床编程、加工、维护检修及管理能力和一定的技术改造能力；具有先进制造设备与技术应用能力；具

有计算机辅助设计与制造能力。

三、机电专业与电子信息工程技术专业之间的关系

电子信息工程技术专业培养具有电子技术和信息系统的基础知识和基本技能，具备较强的从事电子产品生产与技术管理、电子产品开发与设计、微机化仪器仪表运行与维护、电子产品维修与技术支持等实际工作能力。

电子信息工程技术专业的毕业生应具备的专业能力应该根据不同的地区和学院而制定，其主要内容包括：具有电子技术应用能力所必需的基础理论知识和专业知识；能熟练使用电子仪器与工具，按技术文件对电子产品进行装配和调试及检验；能运用电子仪器测量、分析电路故障；能对电子产品进行基本的质量控制与管理；能进行电子产品生产的基本工艺设计、生产现场管理、生产过程控制；能对智能化控制设备进行基本的运行控制与维护；能识读一般电路原理图，并能分析典型应用电路；能使用常规电路、单片机、FPGA 与 VHDL 以及 Protel 设计制作简单的电子电路；能对小型综合的电子产品进行工程设计。

四、机械技术

（一）机械技术基本知识

1. 传统的机械系统与机电一体化机械系统的异同

传统的机械系统和机电一体化中机械系统的主要功能都是用来完成一系列相互协调的机械运动。但是二者组成不同，导致其各自实现运动的方式不同。传统机械系统一般由动力件、传动件和执行件三部分加上电气、液压和机械等控制部分组成。机电一体化系统中的机械系统则是由计算机协调与控制的，用于完成包括机械力、运动、能量流等动力学任务和机电部件信息流相互联系的系统。机电一体化中的机械系统应满足以下三方面的要求：精度高、动作响应快、稳定性好。简言之，就是要满足"稳、准、快"的要求。此外，机电一体化还要满足刚度大、惯量小等要求。

2. 机电一体化机械系统的结构

为了满足以上要求，在设计和制造机电一体化机械系统时常采用精密机械技术。概括地讲，机电一体化机械系统一般由以下五部分组成。

（1）传动机构

主要功能是用来完成转速与转矩的匹配，传递能量和运动。传动机构对伺服系统的伺服特性有很大影响。

（2）导向机构

主要起支撑和导向作用。导向机构限制运动部件，使其按照给定的运动要求和方向运动。

（3）执行机构

主要功能是根据操作指令完成预定的动作。执行机构需要具有较高的灵敏度、精确度和良好的重复性、可靠性。

（4）轴系

主要作用是传递转矩和回转运动。轴系由轴、轴承等部件组成。

（5）机座或机架

主要作用是支撑其他零部件的重量和载荷，同时保证各零部件之间的相对位置。

（二）传动机构

1. 传动机构的性能要求

传动机构是一种把动力机产生的运动和动力传递给执行机构的中间装置，是转矩和转速的变换器，其目的是使驱动电动机与负载之间在转矩和转速上得到合理的匹配。在机电一体化系统中，伺服电动机的伺服变速功能在很大程度上代替了传动机构中的变速机构，大大简化了传动链。机电一体化系统中的机械传动装置已成为伺服系统的组成部分，因此，机电一体化机械系统应具有良好的伺服性能，要求机械传动部件转动惯量小、摩擦小、阻尼大小合理、刚度大、抗震性好、间隙小，并满足小型、轻量、高速、低噪声和高可靠性等要求。

（1）主要措施

为了达到以上要求，机电一体化系统的传动机构主要采取以下措施。

①采用低摩擦阻力的传动部件和导向支承部件，如采用滚珠丝杠、滚动导轨、静压导轨等。

②减小反向死区误差，如采取措施消除传动间隙、减少支承变形等。

③选用最佳传动比，以减少等效到执行元件输出轴上的等效转动惯量，提高系统的加速能力。

④缩短传动链，提高传动与支承刚度，以减小结构的弹性变形，比如用预紧的方法提高滚珠丝杠副和滚动导轨副的传动与支承刚度。

⑤采用适当的阻尼比，系统产生共振时，系统的阻尼越大则振幅越小，并且衰减较快。但是，阻尼过大系统的稳态误差也较大，精度低。因此，在设计传动机构时要合理地选择其阻尼大小。

（2）新的要求

随着机电一体化技术的发展，对传动机构提出了一些新的要求，主要有以下三方面。

①精密化

虽然不是越精密越好，但是为了适应产品的高定位精度及其他相关要求，对机电一体化系统传动机构的精密度要求越来越高。

②高速化

为了提高机电一体化系统的工作效率，传动机构应能满足高速运动的要求。

③小型化、轻量化

在精密化、高速化的要求下，机电一体化系统的传动机构必然要向小型化、轻量化的方向发展，以提高其快速响应能力，减小冲击，降低能耗。

2. 丝杠螺母传动

丝杠螺母副是将旋转运动转化为直线运动的机构。丝杠螺母传动按照螺母与丝杠之间的配合方式，可分为滑动丝杠螺母传动和滚动丝杠螺母传动。滑动丝杠螺母传动机构的优点是结构简单、加工方便、成本低、能自锁，缺点是摩擦阻力大、易磨损、传动效率低，低速时易出现爬行。滚动丝杠螺母传动的滚动体为球形时又称为滚珠丝杠副，其优点是摩擦因数小、传动效率高、磨损小、精度保持性好，由于具有以上优点，滚珠丝杠副在机电一体化系统中得到了广泛应用。滚珠丝杠副的缺点是结构复杂、制造成本高，安装调试比较困难，并且不能自锁。本节主要介绍滚珠丝杠副。

（1）滚珠丝杠副的组成和特点

滚珠丝杠副由丝杠、螺母、滚珠和滚珠循环装置四部分组成。丝杠转动时，带动滚珠沿螺纹滚道滚动，为防止滚珠从滚道断面掉出，在螺母的螺旋槽两端设有滚珠回程引导装置构成滚珠的循环返回通道，从而形成滚珠流动闭合通路。滚珠丝杠副的主要优点：运动平稳，灵敏度高，低速时无爬行现象；定位精度和重复定位精度高；使用寿命长，为滑动丝杠的 4~10 倍；不自锁，可逆向传动，即螺母为主动，丝杠为被动，旋转运动变为直线运动。

（2）滚珠丝杠副的结构类型

滚珠丝杠副中滚珠的循环方式有两种：内循环和外循环。

内循环方式的滚珠在循环过程中始终与丝杠表面保持接触，使滚珠成若干个单圈循环。这种形式结构紧凑，刚度好，滚珠流通性好，摩擦损失小，但制造较困难。适用于高灵敏度、高精度的进给系统，不宜用于重载传动系统中。

外循环方式的滚珠在循环过程结束后通过螺母外表面上的螺旋槽或插管返回丝杠螺母间重新进入循环。常见的是插管式外循环结构形式，这种形式结构简单，工艺性好，承载能力较大，但径向尺寸较大。外循环方式目前应用最为广泛，可用于重载传动系统中。

（3）滚珠丝杠副轴向间隙的调整与预紧

滚珠丝杠副除了对本身单一方向的传动精度有要求外，对其轴向间隙也有严格要求，以保证其反向传动精度。滚珠丝杠副的轴向间隙是承载时在滚珠与滚道型面接触点的弹性变形所引起的螺母位移量和螺母原有间隙的总和。换向时，轴向间隙会引起空回，影响传动精度。因此，通常采用双螺母预紧的方法，把弹性变形控制在最小限度内，以减小或消除轴向间隙，同时可以提高滚珠丝杠副的刚度。

3. 齿轮传动

齿轮传动部件是转矩、转速和转向的变换器。齿轮传动具有结构紧凑、传动精确、强度大、能承受重载、摩擦小、效率高等优点。随着电动机直接驱动技术在机电一体化系统中的广泛应用，齿轮传动的应用有减少的趋势，下面仅就机电一体化系统设计中常遇到的一些问题进行分析。

（1）齿轮传动比的最佳匹配

机电一体化系统中的机械传动装置不仅仅是用来解决伺服电动机与负载间的转速、转矩匹配问题，更重要的是提高系统的伺服性能。因此，在机电一体化系统中通常根据负载角加速度最大原则来选择总传动比，以提高伺服系统的响应速度。

在实际应用中，为了提高系统抗干扰力矩的能力，通常选用较大的传动比。

在计算出传动比后，根据对传动链的技术要求，选择传动方案，使驱动部件和负载之间的转矩、转速达到合理匹配。各级传动比的分配原则主要有以下三种。

①最小等效转动惯量原则

利用该原则所设计的齿轮传动系统，换算到电动机轴上的等效转动惯量为最小。按此原则计算得到的各级传动比按先小后大次序分配。

②质量最轻原则

对于小功率传递系统，假定各主动齿轮模数、齿数均相等，使各级传动比，即可使传动装置的质量最轻。对于大功率传动系统，因其传递的扭矩大，齿轮的模数、齿宽等参数要逐级增加，此时要根据经验、类比的方法，并使其结构紧凑等要求来综合考虑传动比。此时，各级传动比一般应以先大后小的原则来确定。

③输出轴转角误差最小原则

在减速传动链中，从输入端到输出端的各级传动比应为先小后大，并且末端两级的传动比应尽可能大一些，齿轮的精度也应该提高，这样可以减少齿轮的加工误差、安装误差和回转误差对输出转角精度的影响。

对以上三种原则，应该根据具体情况综合考虑。对于以提高传动精度和减小回程误差为主的降速齿轮传动链，可按输出轴转角误差最小原则设计；对于升速传动链，则应在开始几级就增速；对于要求运动平稳、起停频繁和动态性能好的伺服降速传动链，可按最小等效转动惯量和输出轴转角误差最小原则进行设计；对于负载变化的齿轮传动装置，各级传动比最好采用不可约的比数，避免同时啮合；对于要求重量尽可能轻的降速传动链，可按重量最轻原则进行设计。

（2）齿轮传动间隙的调整方法

齿轮传动过程中，主动轮突然改变方向时，从动轮不能马上随之反转，而是有一个滞后量，使齿轮传动产生回差，回差产生的主要原因是齿轮副本身的间隙和加工装配的误差。圆柱齿轮传动间隙调整方法主要有以下几种。

①偏心套（轴）调整法

这种调整方法结构简单，但侧隙不能自动补偿。

②轴向垫片调整法

该方法的特点为结构简单，但侧隙也不能自动补偿。

（3）谐波齿轮传动

谐波齿轮传动是由美国学者麦塞尔（Walt Musser）发明的一种传动技术，它的出现为机械传动技术带来了重大突破。谐波齿轮传动具有结构简单、传动比大（几十至几百）、传动精度高、回程误差小、噪声低、传动平稳、承载能力强、效率高等优点，因此，在机器人、机床分度机构、航空航天设备、雷达等机电一体化系统中得到了广泛的应用。例如，美国 NASA 发射的火星机器人——火星探测漫游者，使用了 19 套谐波传动装置。

①谐波齿轮的原理

谐波齿轮传动的原理是依靠柔性齿轮所产生的可控制弹性变形波，引起齿间的相对位移来传递动力和运动。

柔性齿轮、刚性齿轮、波发生器三者中，波发生器为主动件，柔性齿轮和刚性齿轮为从动件。在谐波齿轮传动中，刚性齿轮的齿数略大于柔性齿轮的齿数，波发生器的长度比未变形的柔性齿轮内圆直径大，当波发生器装入柔性齿轮内圆时，迫使柔性齿轮产生弹性变形而呈椭圆状，使其长轴处柔性齿轮轮齿插入刚性齿轮的轮齿槽内，成为完全啮合状态；而其短轴处两轮轮齿完全不接触，处于脱开状态。啮合与脱开之间的过程则处于啮出或啮入状态。当波发生器连续转动时，迫使柔性齿轮不断产生变形，使两轮轮齿在进行啮入、啮合、啮出、脱开的过程中不断改变各自的工作状态，产生了所谓的错齿运动，从而实现了主动件波发生器与柔性齿轮的运动传递。

②谐波齿轮的传动比

谐波齿轮传动的波形发生器相当于行星轮系的转臂，柔轮相当于行星轮，刚轮则相当于中心轮。因此，谐波齿轮传动的传动比可以应用行星轮系求传动比的方式来计算。

③谐波齿轮的设计与选择

目前尚无谐波减速器的国家标准，不同生产厂家之间的标准代号也不尽相同。设计时可根据需要单独购买不同减速比、不同输出转矩的谐波减速器中的三大构件，并根据其安装尺寸与系统的机械构件相连接。

4.挠性传动

机电一体化系统中采用的挠性传动件有同步带传动、钢带传动和绳轮传动。

（1）同步带传动

同步带传动在带的工作面及带轮的外周上均制有啮合齿，由带齿与轮齿的相互啮合实现传动。同步带传动是一种兼有链、齿轮、V带优点的新型传动。具有传动比准确、传动效率高、能吸振、噪声小、传动平稳、能高速传动、维护保养方便等优点。缺点有安装精度要求高、中心距要求严格，并且具有一定的蠕变性。同步带传动部件有国家标准，并有专门生产厂家生产。

（2）钢带传动和绳轮传动

钢带传动和绳轮传动均属于摩擦传动，主要应用在起重机、电梯、索道等设备中。钢带传动的特点是钢带与带轮间接触面积大、无间隙、摩擦阻力大，无滑动，结构简单紧凑、运行可靠、噪声低、驱动力大、寿命长，无蠕变。钢带挂在驱动轮上，磁头固定在往复运动的钢带上，此传动方式结构紧凑、磁头移动迅速、运行可靠。

绳轮传动具有结构简单、传动刚度大、结构柔软、成本较低、噪声低等优点。其缺点是带轮较大、安装面积大、加速度不能太高。

（3）挠性轴传动

挠性轴传动又称为软轴传动。挠性轴由几层缠绕成螺旋线的钢丝制成，相邻两层钢丝的旋向相反。挠性轴输入端转向要与轴的最外层钢丝旋向一致，这样可使钢丝趋于缠紧。挠性轴外层有保护软套管，护套的主要作用，一方面为引导和固定挠性轴的位置，使其位置稳定，不打结，不发生横向弯曲，另一方面可以防潮、防尘和储存润滑油。

挠性轴具有良好的挠性，能在轴线弯曲状态下灵活地将旋转运动和转矩传递到任何位置。因此，挠性轴传动适用于两个传动机构不在同一条直线上或两个部件之间有相对位置的情况。

5. 间歇传动

机电一体化系统中常见的间歇传动部件有棘轮传动、槽轮传动和蜗形凸轮传动。间歇传动部件的作用是将原动机构的连续运动转换为间歇运动。

（三）导向机构

机电一体化系统的导向机构为各运动机构提供可靠的支承，并保证其正确的运动轨迹，以完成其特定方向的运动。简言之，导向机构的作用为支承和导向。机电一体化系统的导向机构是导轨，一副导轨主要由两部分组成，在工作时一部分固定不动，称为支承导轨（或导轨），另一部分相对支承导轨做直线或回转运动，称为运动导轨（或滑块）。

1. 导向机构的性能要求与分类

（1）导轨的性能要求

机电一体化系统对导轨的基本要求是导向精度高、刚度足够大、运动轻便平稳、耐磨性好以及结构工艺性好等。

导向精度：指运动导轨沿支承导轨运动的直线度。影响导向精度的因素有导轨的几何精度、结构形式、刚度、热变形等。

刚度：导轨受力变形会影响导轨的导向精度及部件之间的相对位置，要求导轨应有足够的刚度。

低速运动平稳性：指导轨低速运动或微量位移时不出现爬行现象。爬行是指导轨低速运动时，速度不是匀速，而是时快时慢、时走时停。爬行产生的原因是静摩擦因数大于动摩擦因数。

耐磨性：指导轨在长期使用过程中能否保持一定的导向精度。导轨在工作过程中难免有所磨损，应力求减少磨损量，并在磨损后能自动补偿或便于调整。

其他方面：导轨应结构简单、工艺性好，并且热变形不应太大，以免影响导轨的运动精度，甚至卡死。

（2）导轨的分类及特点

常用的导轨种类很多，按导轨接触面间的摩擦性质可分为滑动导轨、滚动导

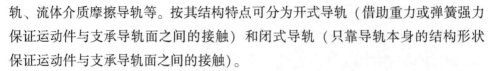

轨、流体介质摩擦导轨等。按其结构特点可分为开式导轨（借助重力或弹簧强力保证运动件与支承导轨面之间的接触）和闭式导轨（只靠导轨本身的结构形状保证运动件与支承导轨面之间的接触）。

一般滑动导轨静摩擦系数大，并且动、静摩擦系数差值也大，低速易爬行，不满足机电一体化设备对伺服系统快速响应性、运动平稳性等要求，因此，在数控机床等机电一体化设备中使用较少。

2. 滚动直线导轨

（1）滚动直线导轨的特点

滚动直线导轨副是在滑块与导轨之间放入适当的滚动体，使滑块与导轨之间的滑动摩擦变为滚动摩擦，大大降低二者之间的运动摩擦阻力。滚动导轨适用于工作部件要求移动均匀、动作灵敏以及定位精度高的场合，因此，在高精密的机电一体化产品中应用广泛。目前，各种滚动导轨基本已实现生产的标准化、系列化，用户及设计人员只需了解滚动直线导轨的特点，掌握选用方法即可。

滚动直线导轨的特点：摩擦因数低，摩擦因数为滑动导轨的1/50左右。动、静摩擦因数差小，不易爬行，运动平稳性好；刚度大，滚动导轨可以预紧，以提高刚度；寿命长，由于是纯滚动，摩擦因数为滑动导轨的1/50左右，磨损小，因而寿命长、功耗低，便于机械小型化。

（2）滚动直线导轨的选用

在设计选用滚动直线导轨时，应对其使用条件，包括工作载荷、精度要求、速度、工作行程、预期工作寿命等进行计算，并且还要考虑其刚度、摩擦特性及误差平均作用、阻尼特征等因素，从而达到正确合理的选用，以满足设备技术性能的要求。

3. 塑料导轨

塑料导轨又称贴塑导轨，是指床身仍是金属导轨，在运动导轨面上贴上一层或涂覆一层耐磨塑料的制品。塑料导轨也采用塑料导轨的主要目的：克服金属滑动导轨摩擦因数大、磨损快、低速易爬行等缺点；保护与其对磨的金属导轨面的精度，延长其使用寿命。

塑料导轨一般用在滑动导轨副中较短的导轨面上。塑料导轨的应用形式主要有以下几种。

（1）塑料导轨软带

塑料导轨软带的材料以聚四氟乙烯为基体，加入青铜粉、二硫化铜和石墨等填充剂混合烧结，并做成软带状。使用时采用黏接材料将其贴在所需处作为导轨表面。塑料导轨软带有以下特点。

摩擦因数低且稳定，其摩擦因数比铸铁导轨低一个数量级；

动、静摩擦因数相近，其低速运动平稳性比铸铁导轨好；

吸收振动：由于材料具有良好的阻尼性，其抗震性优于接触刚度较低的滚动导轨；

耐磨性好：由于材料自身具有润滑作用，因而在无润滑情况下也能工作；

化学稳定性好：耐高低温、耐强酸强碱、耐强氧化剂及各种有机溶剂；

维护修理方便：导轨软带使用方便，磨损后更换容易；

经济性好：结构简单、成本低，成本约为滚动导轨的1/20。

（2）金属塑料复合导轨

金属塑料复合导轨分为三层，内层钢背保证导轨板的机械强度和承载能力。钢背上镀铜烧结球状青铜粉或铜丝网形成多孔中间层，以提高导轨板的导热性，然后用真空浸渍法，使塑料进入孔或网中。当青铜与配合面摩擦发热时，由于塑料的热胀系数远大于金属，因而塑料将从多孔层的孔隙中挤出，向摩擦表面转移补充，形成厚$0.01\sim0.05$mm的表面自润滑塑料层。金属塑料导轨板的特点是摩擦特性优良，耐磨损。

（3）塑料涂层

摩擦副的两配对表面中，若只有一个摩擦面磨损严重，则可把磨损部分切除，涂敷配制好的胶状塑料涂层，利用模具或另一摩擦表面使涂层成形，固化后的塑料涂层即成为摩擦副中配对面与另一金属配对面组成新的摩擦副，利用高分子材料的性能特点，达到良好的工作状态。

4. 流体静压导轨

流体静压导轨是指借助于输入运动件和固定件之间微小间隙内流动着的黏性流体来支承载荷的滑动支承，包括液体静压导轨和气体静压导轨。流体静压导轨利用专用的供油（供气）装置，将具有一定压力的润滑油（压缩空气）送到导轨的静压腔内，形成具有压力的润滑油（气）层，利用静压腔之间的压力差，形成流体静压导轨的承载力，将滑块浮起，并承受外载荷。流体静压导轨具有多个静压腔，支承导轨和运动导轨间具有一定的间隙，并且具有能够自动调节油腔间压力差的零件，该零件称为节流器。

静压导轨间充满了液体（或气体），支承导轨和运动导轨被完全隔开，导轨面不接触，因此，静压导轨的动、静摩擦因数极小，基本无磨损、发热问题，使用寿命长；在低速条件下无爬行现象；速度或载荷变化对油膜或气膜的

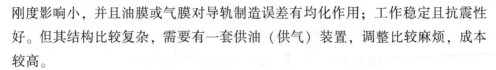

刚度影响小，并且油膜或气膜对导轨制造误差有均化作用；工作稳定且抗震性好。但其结构比较复杂，需要有一套供油（供气）装置，调整比较麻烦，成本较高。

（1）液体静压导轨

液体静压导轨由支承导轨、运动导轨、节流器和供油装置组成。液体静压导轨分为开式和闭式两种。

在静压导轨各方向及导轨面上都开有油腔，液压泵输出的压力油经过六个节流器后压力下降并分别流到对应的六个油腔。

（2）气体静压导轨

气体静压导轨的工作原理和液体静压导轨相同，只是其工作介质不同，液体静压导轨的工作介质为润滑油，气体静压导轨的工作介质为空气。由于气体具有可压缩性、黏度低，比起相同尺寸的液体静压导轨，气体静压导轨的刚度较低，阻尼较小。

（四）执行机构

1. 执行机构的基本要求

执行机构是利用某种驱动能源，在控制信号作用下，提供直线或旋转运动的驱动装置。执行机构是机电一体化系统及产品实现其主功能的重要环节，它能快速地完成预期的动作，并具有响应速度快、动态特性好、灵敏等特点。执行机构的基本要求主要有：惯量小、动力大；体积小、质量轻；便于维修、安装；易于计算机控制。

机电一体化系统常用的执行机构，主要有电磁执行机构、微动执行机构、工业机械手以及液压和气动执行机构。

2. 电磁执行机构

随着机电一体化技术的快速发展，对各类系统的定位精度也提出了更高的要求。在这种情形下，传统的旋转电机加上一套变换机构（比如滚珠丝杠螺母副）组成的直线运动装置，由于具有"间接"的性质，往往不能满足系统的精度要求。而直线电动机的输出表现为直线运动，不需要把旋转运动变成直线运动的附加装置，其传动具有"直接"的性质。

在结构上，直线电动机可以认为是由一台旋转电动机沿径向剖开，然后拉直演变而成。永磁无刷旋转电动机的两个基本部件是定子（线圈）和转子（永磁体）。在无刷直线电动机中，将旋转电动机的转子沿径向剖开并拉直，则成为直线电动机的永磁体轨道（也称为直线电动机的定子）；将旋转电动机的定子沿径向剖开并拉直，则成为直线电动机的线圈（也称为直线电动机的动子）。

在大多数无刷直线电动机的应用中，通常是永磁体保持静止，线圈运动。其原因是这两个部件中线圈的质量相对较小，但有时将运动与静止件反过来布置会更有利并完全可以接受。在这两种情况中，基本电磁工作原理是相同的，并且与旋转电动机完全一样。目前有两种类型的直线电动机：无铁芯电动机和有铁芯电动机，每种类型电动机均具有取决于其应用的最优特征和特性。有铁芯电动机有一个绕在硅钢片上的线圈，以便通过一个单侧磁路，产生最大的推力；无铁芯电机没有铁芯或用于缠绕线圈的长槽，因此，无铁芯电机具有零齿槽效应、非常轻的质量，以及在线圈与永磁体之间绝对没有吸引力。这些特性非常适合用于需要极低轴承摩擦力、轻载荷高加速度，以及能在极小的恒定速度下运行（甚至是在超低速度下）的情况。模块化的永磁体由双排永磁体组成，以产生最大的推力，并形成磁通返回的路径。

与旋转电动机相比，直线电动机有以下几个特点。

（1）结构简单

直线电动机不需要把旋转运动变成直线运动的中间传递装置，使得系统本身的结构大为简化，重量和体积均大大下降。

（2）极高的定位精度

直线电动机可以实现直接传动，消除了中间环节所带来的各种误差，定位精度仅受反馈分辨率的限制，通常可达到微米以下的分辨率。由于消除了定、动子间的接触摩擦阻力，从而大大地提高了系统的灵敏度。

（3）刚度高

在直线电动机系统中，电机被直接连接到从动负载上。在电动机与负载之间，不存在传动间隙，实际上也不存在柔度。

（4）速度范围宽

由于直线电动机的定子和动子为非接触式部件，不存在机械传动系统的限制条件，因此，很容易达到极高和极低的速度。相比之下，机械传动系统（如滚珠丝杠副）通常将速度限制为 $0.5\text{m/s} \sim 0.7\text{m/s}$。

（5）动态性能好

除了高速能力外，直接驱动直线电动机还具有极高的加速度。大型电动机通常可得到 $3 \sim 5g$ 的加速度，而小型电动机通常得到超过 $10g$ 的加速度。

3. 微动执行机构

微动执行机构是一种能在一定范围内精确、微量地移动到给定位置或实现特定的进给运动的机构，在机电一体化产品中，它一般用于精确、微量地调节某些部件的相对位置。微动执行机构应该能满足以下要求：灵敏度高，最小移动量能达到移动要求；传动灵活、平稳，无空行程与爬行现象，制动后能保持在稳定的位置；抗干扰能力强，响应速度快；能实现自动控制；良好的结构工艺性。微动执行机构按照运动原理可分为热变形式、磁致伸缩式和压电陶瓷式。

（1）热变形式

热变形式微动执行机构利用电热元件作为动力源，通过电热元件通电后产生的热变形实现微小位移。

热变形式微动机构具有高刚度和无间隙的优点，并可通过控制加热电流得到所需微量位移。但由于热惯性以及冷却速度难以精确控制等原因，这种微动系统只适用于行程较短且使用频率不高的场合。

（2）磁致伸缩式

磁致伸缩式微动执行机构是利用某些材料在磁场作用下具有改变尺寸的磁致伸缩效应，以此来实现微量位移。

磁致伸缩式微动执行机构的特征有重复精度高、无间隙、刚度好、惯量小、工作稳定性好、结构简单紧凑。但由于工程材料的磁致伸缩量有限，该类机构所提供的位移量很小，因而该类机构适用于精确位移调整、切削刀具的磨损补偿及自动调节系统。

（3）压电陶瓷式

压电陶瓷式微动执行机构是利用压电材料的逆压电效应产生位移的。一些晶体在外力作用下会产生电流，反过来在电流作用下会产生力或变形，这些晶体称为压电材料，这种现象称为压电效应。压电效应是一种机械能与电能互换的现象，分为正压电效应和逆压电效应。对压电材料沿一定的方向施加外力，其内部会产生极化现象，在两个相对的表面上出现正负相反的电荷，这种现象称为正压电效应；相反，沿压电材料的一定方向施加电场，压电材料会沿电场方向伸长，这种现象称为逆压电效应。工程上常用的压电材料为压电陶瓷。利用压电陶瓷的逆压电效应可以做成压电微动执行器件。对压电器件要求其压电灵敏度高、线性好、稳定性好和重复性好。

压电器件的主要缺点是变形量小，为获得需要的驱动量常要加较高的电压，一般大于 800V。增大压电陶瓷所用方向的长度、减少压电陶瓷厚度、增大外加电压、选用压电系数大的材料均可以增大压电陶瓷长度方向变形量。另外，也可用多个压电陶瓷组成压电堆，采用并联接法，以增大伸长量。

4. 工业机械手末端执行器

末端执行器安装在机械手的手腕或手臂的机械接口上，是直接执行作业任务的装置。末端执行器根据用途不同可分为三类：机械夹持器、吸附式末端执行器和灵巧手。

（1）机械夹持器

机械夹持器具有夹持和松开的功能。夹持工件时，有一定的力约束和形状约束，以保证被夹工件在移动、停留和装入过程中，不改变姿态。松开工件时，应完全松开。机械夹持器的组成部分包括手指、传动机构和驱动装置。手指是直接与工件接触的部件，夹持器松开和夹紧工件是通过手指的张开和闭合来实现的。传动机构向手指传递运动和动力，以实现夹紧和松开动作。驱动装置是向传动机构提供动力的装置，一般有液压、气动、机械等驱动方式。根据手指夹持工件时的运动轨迹的不同，机械夹持器分为圆弧开合型、圆弧平行开合型和直线平行开合型。

（2）吸附式末端执行器

吸附式末端执行器可分为气吸式和磁吸式两类。气吸式末端执行器利用真空吸力或负压吸力吸持工件，它适用于抓取薄片及易碎工件的情形，吸盘通常由橡胶或塑料制成；磁吸式末端执行器则是利用电磁铁和永久磁铁的磁场力吸取具有磁性的小五金工件。

真空吸附式末端执行器（真空吸附手）抓取工件时，橡胶吸盘与工件表面接触，橡胶吸盘起到密封和缓冲的作用，通过真空泵抽气来达到真空状态，在吸盘内形成负压，实现工件的抓取。松开工件时，吸盘内通入空气，失去真空状态后，工件被放下。该吸附式末端执行器结构简单、价格低廉，常用于小件搬运，也可根据工件形状、尺寸、重量的不同将多个真空吸附手组合使用。

电磁吸附式末端执行器，又称为电磁吸附手，它利用通电线圈的磁场对可磁化材料的作用来实现对工件的吸附。该执行器同样具有结构简单、价格低廉的特点。电磁吸附手的吸附力是由通电线圈的磁场提供的，可用于搬运较大的可磁化材料的工件。吸附手的形状可根据被吸附工件表面形状来设计，既可用于吸附平坦表面工件，又可用于吸附曲面工件。

（3）灵巧手

灵巧手是一种模仿人手制作的多指多关节的机器人末端执行器。它可以适应物体外形的变化，对物体进行任意方向、任意大小的夹持力，可以满足对任意形状、不同材质物体的操作和抓持要求，但是其控制、操作系统技术难度大。

（五）轴系

1. 轴系的性能要求与分类

轴系由轴、轴承及安装在轴上的传动件组成。轴系的主要作用是传递扭矩及传递精确的回转运动。轴系分为主轴轴系和中间传动轴轴系。对中间传动轴轴系性能一般要求不高，而随着机电一体化技术的发展，主轴的转速越来越高，因此对于完成主要作用的主轴轴系的旋转精度、刚度、抗震性及热变形等性能的要求也越来越高。

（1）回转精度

回转精度是指在装配后，在无负载、低速旋转的条件下，轴前端的径向和轴向圆跳动量。回转精度的大小取决于轴系各组成零件和支承部件的制造精度与装配调整精度。主轴的回转误差对加工或测量的精度影响很大。在工作转速下，其回转精度取决于其转速、轴承性能以及轴系的动平衡状态。

（2）刚度

轴系的刚度反映轴系组件抵抗静、动载荷变形的能力。载荷为弯矩、转矩时，相应的变形量为挠度、扭转角，其刚度为抗弯刚度和抗扭刚度。设计轴系时除了对强度进行验算之外，还必须进行刚度验算。

（3）抗震性

轴系的振动表现为强迫振动和自激振动两种形式。其振动原因有轴系组件质量不匀引起的不平衡、轴单向受力等。振动直接影响旋转精度和轴承寿命，对高速运动的轴系必须以提高其静刚度、动刚度、增大轴系阻尼比等措施来提高抗震性。

（4）热变形

轴系受热会使轴伸长或使轴系零件间隙发生变化，影响整个传动系统的传动精度、回转精度及位置精度。另外，温度的上升会使润滑油的黏度降低，使静压轴承或滚动轴承的承载能力下降。因此，应采取措施将轴系部件的温升限制在一定范围之内，常用的措施有将热源与主轴组件分离、减少热源的发生量、采用冷却散热装置等。

根据主轴轴颈与轴套之间的摩擦性质不同，机电一体化系统常用的轴系可以分为滚动轴承轴系、流体静压轴承轴系和磁悬浮轴承轴系。

2. 滚动轴承

滚动轴承是指在滚动摩擦下工作的轴承。轴承的内圈与外圈之间放入滚球、滚柱等滚动体作为介质。常见的滚动轴承按受力方向不同可分为向心轴承、推力轴承和向心推力轴承。近年来，陶瓷球轴承逐渐兴起并被广泛应用。陶瓷球轴承的结构和普通滚动轴承一样。陶瓷球轴承分为全陶瓷轴承（套圈、滚动体均为陶瓷）和复合陶瓷轴承（仅滚动体为陶瓷，套圈为金属）两种。

陶瓷轴承具有以下特点：陶瓷耐腐蚀，适宜用于有腐蚀性介质的恶劣环境；陶瓷的密度比钢小，质量轻，可减少因离心力产生的动载荷，使用寿命大大延长；陶瓷硬度高，耐磨性高，可减少因高速旋转产生的沟道表面损伤；陶瓷的弹性模量高，受力弹性小，可减少因载荷大所产生的变形，有利于提高工作速度，并达到较高的精度。

3. 流体静压轴承

流体静压轴承的工作原理和流体静压导轨相似。流体静压轴承也分为液体静压轴承和气体静压轴承。

（1）液体静压轴承

液体静压轴承系统包括四部分：静压轴承、节流器、供油装置和润滑油。油泵未工作时，油腔内没有油，主轴压在轴承上。油泵启动以后，从油泵输出的具有一定压力的润滑油通过各个节流器进入对应的油腔内，由于油腔是对称分布的，若不计主轴自重，主轴处于轴承的中间位置，此时轴与轴承之间各处的间隙相同，各油腔的压力相等。主轴表面和轴承表面被润滑油完全隔开，轴承处于全液体摩擦状态。

（2）气体静压轴承

气体静压轴承的工作原理和液体静压轴承相同。液体静压轴承的转速不宜过大，否则，润滑油发热较严重，使轴承结构产生变形，影响精度，而气体的黏度远小于润滑油，气体静压轴承的转速可以很高，并且空气具有不需回收、不污染环境的特点。气体静压轴承主要用于超精密机床、精密测量仪器、医疗器械等场合，例如牙医使用的牙钻。

4. 磁悬浮轴承

磁悬浮轴承是利用电磁力，将被支承件稳定悬浮在空间，使支承件与被支承件之间没有机械接触的一种高性能机电一体化轴承。磁悬浮轴承由控制器、功率放大器、转子、定子和传感器组成，工作时通过传感器检测到转子的偏差信号，通过控制器进行调节并发出信号，然后采用功率放大器控制线圈的电流，从而控制线圈产生的磁场以及作用在转子上的电磁力，使其保持在正确的位置上。

（六）机座和机架

机电一体化系统的机座或机架的作用是支撑和连接设备的零部件，使这些零部件之间保持规定的尺寸和形位公差要求。机座或机架的基本特点是尺寸较大、结构复杂、加工面多，几何精度和相对位置精度要求较高。一般情形下，机座多采用铸件，机架多由型材装配或焊接而成。设计机座或机架时主要从以下几点进行考虑。

刚度：机座或机架的刚度是指其抵抗载荷变形的能力。刚度分为静刚度和动刚度。抵抗恒定载荷变形的能力称为静刚度；抵抗动态载荷变形的能力称为动刚度。如果机座或机架的刚度不够，则在工件的重力、夹紧力、惯性力和工作载荷等的作用，就会产生变形、振动或爬行，而影响产品的定位精度、加工精度及其他性能。

机座或机架的精刚度：主要是指它们的结构刚度和接触刚度。机电一体化系统的动刚度与其静刚度、阻尼及固有频率有关。对机电一体化系统来说，影响其性能的往往是动态载荷，当机座或机架受到振源影响时，整机会发生振动，使各主要部件及其相互间产生弯曲或扭转振动，尤其是当振源振动频率与机座或机架的固有振动频率接近或重合时，将产生共振，严重影响机电一体化系统的工作精度。因此，应该重点关注机电一体化系统的动刚度，系统的动刚度越大，抗震性越好。

为提高机架或机座的抗震性，可采取以下措施：提高系统的精刚度，即提高系统固有频率，以避免产生共振；增加系统阻尼；在不降低机架或机座精刚度的前提下，减轻质量以提高固有频率；采取隔振措施。

热变形：机电一体化系统运转时，电动机等热源散发的热量、零部件之间因相对运动而产生的摩擦热和电子元器件的发热等，都将传到机座或机架上，引起机座或机架的变形，影响其精度。为了减少机座或机架的热变形，可以控制热源的发热，比如改善润滑，或采用热平衡的办法，控制各处的温度差，减小其相对变形。

其他方面：除以上两点外，还要考虑机械结构的加工以及装配的工艺性和经济性。设计机座或机架时还要考虑人机工程方面的要求，要做到造型精美、色彩协调、美观大方。

（七）机构简图的绘制

机电一体化系统机械结构设计的第一步是方案设计，即首先设计、分析其机械原理方案，这一设计阶段的重点在于机构的运动分析，机构的具体结构、组成方式等在这一设计阶段并不影响机构的运动特性。因此，机构的运动原理往往用机构简图来绘制。机构简图是指用简单符号和线条代表运动副和构件，绘制出表示机构的简明图形。

直角坐标机器人可以在三个互相垂直的方向上做直线伸缩运动。这种形式的机器人三个方向的运动均是独立的，控制方便，但占地面积较大。

圆柱坐标机器人可以在一个绕基座轴的方向上做旋转运动和两个在相互垂直方向上的方向上做直线伸缩运动。它的运动范围为一个圆柱体，与直角坐标机器人相比，其占地面积小，活动范围广。

极坐标机器人的运动范围由一个直线运动和两个回转运动组成。其特点类似于圆柱坐标机器人。

多关节机器人由多个旋转或摆动关节组成，其结构近似于人的手臂。多关节机器人动作灵活、工作范围广，但其运动主观性较差。

第四节　专业人才培养目标与人才素质要求

学生在填报高考志愿的时候，常常对各个专业的认识是模糊的，由于种种原因，填报了机电一体化技术专业。学生入学后，应该对自己所学的专业有详细的了解，首先需要了解的是专业的人才培养目标和就业岗位（群）人才素质要求。虽然各个学校的培养目标和人才素质要求不尽相同，但主要内容大致相同。

一、专业人才培养目标

机电类行业是国民经济发展的基础行业，任何一个工业企业，都拥有一批机电设备作为它的生产工具。但在不同的工业企业中，对使用这些设备的人员来讲，要求是不同的。根据这一特点，可将工业企业分为机电设备制造企业和利用各类机电设备作为生产工具的加工制造企业。前者突出机电设备的加工制造技术，要求学生具有机械加工制造的知识和应用机械加工制造技术的能力；后者侧重于各类机电设备的使用和维护，要求学生具有机电设备的使用维护知识和使用维护机电设备的能力。

（一）机电一体化技术专业人才培养目标

本专业培养拥护党的基本路线，具有社会主义核心价值观，具有本专业的必备基础理论知识和专门知识，具备较强的从事机电一体化设备的安装、调试、操作、维护、检修、技术改造、生产管理、机电产品开发、销售等适应生产建设（管理、服务）第一线需要的德、智、体等方面全面发展的高端技能型人才。毕业生就业初期可胜任机电设备日常运行与维护、机电设备安装与调试、技术服

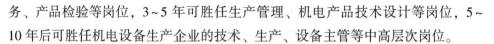

务、产品检验等岗位，3～5年可胜任生产管理、机电产品技术设计等岗位，5～10年后可胜任机电设备生产企业的技术、生产、设备主管等中高层次岗位。

（二）新型纺织机电技术专业人才培养目标

本专业培养拥护党的基本路线，具有社会主义核心价值观，具有本专业的必备基础理论知识和专门知识，具备较强的从事新型纺织设备的维护、检修、安装调试、管理能力和一定的技术改造能力等实际工作能力，适应生产建设（管理、服务）第一线需要的德、智、体等全面发展的高端技能型人才。本专业毕业生初次就业能胜任纺织设备操作、纺织设备或其他机电设备的保养、维护、维修等岗位，3～5年可胜任纺织设备或其他机电设备技术设计研发、技术服务、设备管理、车间管理等岗位，5～10年后可胜任纺织企业或机电设备生产企业的技术、生产、设备主管等高层次岗位。

（三）电气自动化技术专业人才培养目标

本专业培养拥护党的基本路线，具有社会主义核心价值观，具有本专业必备的基础理论知识和专门知识，具备较强的从事电气控制设备安装、调试、维护、检修、开发、销售等实际工作能力，适应生产建设（管理、服务）第一线需要的德、智、体等全面发展的高端技能型人才。毕业生就业初期可胜任自动化设备操作、设备电气安装与调试、设备电气维护与检修、供配电系统运行与维护等岗位，3～5年后可胜任自动化生产线调试与维修、电气技术设计、机电产品技术服务等岗位，5～10年后可胜任设备管理、电气自动化控制系统设计、产品开发、生产技术主管等中高级岗位。

二、人才素质要求

（一）机电类专业共性能力要求

1. 方法能力

（1）具有通过计算机网络、技术文献等不同途径获取信息的能力；

（2）具有分析和处理技术资料的能力；

（3）具有运用所学知识和技能独立分析和解决问题的能力；

（4）具有一定的自我学习获取新知识和新技术的能力；

（5）具有良好的专业素养。

2. 社会能力

（1）具有良好的道德操守；

（2）具有良好的职业道德；

（3）具有良好的审美情趣；

（4）具有健全的心理素质和健康的体魄，有较强的社会适应性；

（5）具有一定的语言文字表达、外语应用等基本能力；

（6）具有团队合作、沟通协调、人际交往能力。

（二）机电类各专业专项能力要求

1. 机电一体化技术专业专项能力要求

（1）具有机械零部件的测绘、分析能力；

（2）具有一般机械零件加工制作能力；

（3）具有机电设备液压与气动系统的分析与维护能力；

（4）具有机电设备 PLC 控制系统分析、安装与调试能力；

（5）具有机电设备变频器调速系统分析、安装与调试能力；

（6）具有对机电设备及其控制系统进行日常运行和维护的能力；

（7）具有机电一体化设备的故障排除能力；

（8）具有对机电设备进行技术改造的基本能力；

（9）具有对车间一线进行生产管理和质量管理的基本能力。

2. 新型纺织机电技术专业专项能力要求

（1）具有机械图样的识读与绘制能力；

（2）具有机械零部件的拆装与维护能力；

（3）具有设备电气控制线路的安装、调试和检修能力；

（4）具有简单机械零件加工制作能力；

（5）具有纺织设备机电一体化控制系统的分析与维护能力；

（6）具有纺织设备的安装调试能力；

（7）具有纺织设备的分析与维护能力；

（8）具有纺织机电设备管理能力；

（9）具有纺织设备的技术服务和技术改造能力。

3. 电气自动化技术专业专项能力要求

（1）具有电工工具、仪表使用能力；

（2）具有电子、电气系统制图能力；

（3）具有电气控制线路安装、调试能力；

（4）具有常用电气控制线路分析、设计能力；

（5）具有电气设备维护保养与检修能力；

（6）具有供配电系统运行与维护能力；

（7）具有 PLC、变频器应用能力；

（8）具有自动化生产线安装、调试与维护能力；

（9）具有工控技术应用能力。

三、就业岗位群

就业岗位群有着非常明显的地区特性。例如，钢铁工业占比较重的城市，其主要就业岗位应为钢铁企业中的岗位；电子工业占比较重的城市，其主要就业岗位应为生产流水线中的岗位。这些岗位的确定，是通过专业调研及召开实践专家访谈会进行分析提炼出来的。

机电类专业实践教学理论

第一节 建构主义学习理论

一、建构主义的历史沿革

建构主义是一种学习理论体系，最早起源于欧美国家，是继行为主义之后的又一理论突破。伴随着学者对学习规律的重视，建构主义逐渐进入学者的关注范围，并对其进行深入的研究和分析，形成了建构主义学习理论。建构主义学习理论的出现，打破了传统客观主义学习观念的局限，放弃了学习过程为知识复制和传输的思想，而是转入对学习本质的理解，更加注重个体获取知识的心理体验，建构主义学习理论体现了学习的社会性特点。

从心理学角度来分析，杜威、皮亚杰、维果茨基是最早通过建构主义思想，来对学习理论进行研究的，并且在课堂教学和儿童学习中进行广泛应用。杜威侧重于经验性学习理论，着重指出经验的产生和改变。其在《民主主义与教育》一书中明确指出，经验包括两部分：一部分是主动元素，另一部分是被动元素，并且两种元素通过特有的方式进行结合。主动元素最直接的表达就是对经验的尝试，而被动元素最直接的表达就是对经验结果的承受。我们通过一些行为作用于事物，而事物就会反作用于我们自身，这是一种特殊的结合。通过主动和被动两方面的结合，能够检测经验的效果和价值。单独的活动是分散的，而且各个元素之间无法形成有效的结合，只能是被动的消耗性的活动，无法构成经验。而处于主动方面的经验，就会包含诸多变化，各种变化与其产生的一系列结果有效结合起来，才会成为经验，否则，也被视作毫无意义的变化。显而易见，杜威提倡的经验学习论中所指的经验，必须是有思维参与的行为活动，如果缺乏思维因素，就不会产生有价值的经验。杜威的经验论是对 19 世纪末学习教育弊端的抨击，也是对传统教学方式"填鸭式"教学的一种批判。从杜威的观点来看，经验就是人与环境之间形成相互作用的过程以及产生的结果，也是人通过主动尝试的行为得到环境被动反应的结果形成的有机结合，这也是与行为主义学习论主张的以外界刺激为导向的主要区别。

瑞士著名社会心理学家皮亚杰被称为当代建构主义的创立者。皮亚杰认为，人作为认知的主体，在与其周边环境进行交流的过程中形成了对于外部世界的认知，假如没有主体能动性的建构活动，人就无法将自己的认识推向更高的层次。人作为认知的主体，把外部信息纳入现有的认知结构，或者对认知结构进行重组，从而将新的信息吸纳进来。在这一动态发展的矛盾结构中，通过认知结构的不断优化与完善同外界保持平衡，从而使自身的认识得到发展。这是皮亚杰关于儿童认知发展的理论，也被称为活动内化论。俄罗斯著名社会心理学家维果茨基认为，学习活动的本质是一种社会构建过程，人的学习活动是在特定的社会、历史背景下进行的。与此同时，维果茨基还重点强调了社会交往对于个体心理发展的影响，认为个体的心理过程结构先是在人的外部活动中形成，然后才可能转移并内化为内部心理过程结构。维果茨基的研究不仅奠定了当代建构主义的思想基础，还从学习的社会性角度出发，进一步强调了知识合作建构这一过程，从而进一步发展了建构主义。

建构主义的思想源头较为复杂，这也就导致其流派众多，一个比较夸张的说法是：世界上存在多少建构主义者，即有多少种建构主义理论。例如，心理学家布鲁纳的认知学习理论主张尤其关注知识的结构、学习者的心理动机、多种认知表征方式、探索和发现未知领域、直觉意识、从多元化的观点中对知识与价值进行构建等。除此之外，科尔伯格对认知结构的性质与发展条件进行了研究，斯滕博格对个体认知结构的主动性问题进行了探讨，康德的"为自然立法"以及维科的"历史"概念等理论都对建构主义的发展产生了一定的影响。

从理论来源来看，建构主义理论的思想基础是客观主义，是在对客观主义进行否定与扬弃的基础上产生的，其集合了理性主义与经验主义的合理因素。虽然建构主义学者关于学习的理解存在差异，研究的角度也不尽相同，但是他们在对待知识、学习方面的基本认识是大致相同的。建构主义有关学习的基本观点表述如下：知识是个体内部通过活动，尤其是创造性的、形成性的、建构性的活动，形成具有个人价值的真实知识，在这一过程中，其关注的是过程以及意义的重要性，对于结果则不太重视；从建构主义学者的观点来看，个体学习的过程是学习者在已经具备经验的基础上，自主地选择、处理、建构信息的过程；认知主体的认知发展将会受到个体内部与社会因素的影响，其更加注重个体内部的构建与社会构建：在个体之外，知识是无法以实体的形式独立存在的，只能通过学习者个体在以往的生活经验积累的基础上构建而来。

二、建构主义关于学习的观点

（一）建构主义知识观

从本质上来看，知识绝非关于现实的单纯的反映，也非关于客观现实的准确表达，只不过是个体关于现实的一种理解或假设，也就不能够通过外力的作用强加给学生，而是要求学生通过内在的力量构建自身完善的内部知识结构。因此，建构主义侧重于发挥个人的主观能动性，结合现有的知识背景来对信息进行有效的加工和处理，进而获得其自身的意义的过程。在课本中记载的相关知识，仅仅是一种与有关现象相接近的、更加可靠的假设，它并不能对全部现实进行解释，知识具有天然的真理性，却并非唯一的标准答案。通过对建构主义学习观的分析可以看出，该观念注重个人主动性的发挥，强调通过学习以及实践个人获得对主观世界意义的认知，同时有效地促进个人知识结构的构建。个人的知识背景以及实践经验存在较大的差距，因此，存在不同意义的构建。个体本身存在差异，就决定了其对于世界的理解各不相同。这种观点与行为主义知识观将知识当作绝对真理的观点是存在本质差别的。因此，只有这些知识在被个体构建的时候，其对于个体才具有意义，将知识当作实现决定了的客观存在传授给学生，让学生积极主动吸收知识，这既能够充分发挥教师的权威性，也能够保障学生积极涉猎各种不同的信息和知识。

（二）建构主义学习观

在建构主义者看来，学生在进入教室之前已经具备了某些方面的经验与背景，学生是根据这些经验与背景来理解知识的。从中可以看出，学生在整个学习的过程中发挥着重要的作用以及价值，只有学习才能够进行知识结构的构建。同时，学生必须要在学习以及实践中充分发挥自己的主观能动性。这种学生观不仅说明学生在学习过程中的主体地位，同时还直接揭示着学生认知结构建构的关键作用。学生在知识结构构建的过程之中会受到外部环境的影响，通过同化以及相应机制的建立来促进内部认知结构的构建，保障认知结构的重组并充分发挥该结构的作用。因此，老师在教学实践的过程中要注重学生主体地位的发挥，通过学生原有认知结构来对新知识的理解与把握进行建构，必须充分尊重学生的主体性与个体的差异。对学生学习影响最深的是学生在生活实践过程中所积累的各种经验以及实践知识。学生需要在已有知识的基础上对现有的知识经验进行重新的构建，并积极地建立真实的情境，保证信息能够符合学生的实际生活情境，从而推动学生构建全新的知识结构。与此同时，学习应当是一个系统性的过程，也就是说不能单纯地强调技能训练，而应当在情境、协作、对话与意义构建的环境中促进学生进行主动的学习，完成对知识的价值构建。

（三）建构主义对学习环境的设计

建构主义学习观明确强调学生需要在特定的情境中进行知识以及信息的筛选，同时还需要在他人的帮助以及引导之下获得不同的学习资料，积极地促进个人意义的建构以及完善，那么在教学过程中，也必然会关系到关于学习环境的设计问题。从建构主义者的观点来看，学习环境就是在教学过程中，通过创设一定的情境，使学习者对其原来掌握的知识实施再加工与再创造，从而实现知识构建的过程。由此可以看出，建构主义不仅能够营造良好的学习环境，还能够为学习者提供更多的支持，保证其能够获得更丰富的学习资源。因此，从这个角度上来看，建构主义学习活动的开展必定会重视对学习环境的设计。

具体来看，学习环境主要包括情境、协作、沟通以及价值构建等四个基本要素。在学习环境的四个基本要素中，情境注重应当对传统教学中的"去情境化"的方式进行批判，其中学习者在学习过程中必须要针对相应的价值进行有效的构建，这一点是学习环境创建的原则以及基础。同时，该情境必须要以学生已有的知识经验为基础，将现有的知识经验与新知识的吸收和学习相结合，促进人际关系的交流，利用社会性的协商实施知识的社会构建。

这是学习者对世界进行认知与理解的一种方式，应当在整个学习过程中有所体现，其中主要包括各种学习资源的优化利用以及配置，通过对资源的分析以及搜集来提出相应的论证，并对最终的研究结果进行分析以及评价，从而保障构建的合理性；交流是协作这一过程中最为基本的方式或环节，是必不可少的一个环节。建构的学习过程也是交流的过程，它主要涵盖了教师与学生之间、学生与学生之间的交流；价值构建指的是学习者通过构建最终想要达到的教学效果，也就是想要达到的教学目标。学习绝对不是知识经验由外到内输入的过程，而是学习者通过主动构建将相关信息转化为自身内在知识的过程。

从关于建构主义基本观点的把握这一认识出发，能够看出人类学习的意义所在，并据此对现有的学习进行反思，归纳出建构主义教学的相关内容。内容主要包括：首先，学习以个人的主观能动性为前提，保障个人知识的充分构建。学习的过程并非仅仅是知识的传授过程，在教学活动过程之中必须要为学习者提供更多的学习资源以及认知工具，通过各个渠道的努力以及资源的运用来为学习者营造良好的学习环境，鼓励学生通过激发其内在的潜能主动进行学习活动。其次，知识本质上具有社会属性，必然会受到相应的社会文化环境的影响。所以，学习会受到诸多外部不确定性因素的影响，同时也是社会实践以及沟通的重要产物。学习过程的出现与深入是一定意义上的社会建构，这种特性必然决定了教学应当有助于学习者进行交流，主张在实际的情境中通过建立实践共同体，实现个体与集体之间在思想、经验等方面的交流，以此来促进个人知识的吸收，保障个人能够形成良好的认识以及知识建构，教师需要注重学习情境的营造，保障教学内容设置的合理性，像以问题为基础的教学、以项目为基础的教学、以案例为基础的教学等都是以个体的社会性为特点的教学模式，都是将关于知识的学习同解决实际问题联系起来，可以让学习者通过学习知识具有更加强大的生存能力。最后，在真正的教学实践中，我们往往会得出这样的结论，解决某一问题的方法或许有很多种，这就会联系到知识问题的劣构。关于劣构问题，其特点是存在多个问题解决的方法，但具备一定的确定性条件，它的解决方式是以建构主义与情境认知学习理论为基础的。实际上，在解决具有劣构性的教学问题上，因为问题求解活动通常含有某些不可预测的因素，因此，关于那些"复杂知识"的解决要求具备系统性的知识，关注知识的多元特性。从这一意义上来说，教学意味着在特定的情境条件下，为了支持学习者具备更加强大的解决问题的能力，创建有利于学习者形成确切的概念特性与问题的特定情境，为学习者提供一种认知工具，激励学习者不断探索劣构知识，建构并通过实践共同体实现价值协商。

学习理论存在差异，对教师与学生在专业教学中的影响也不尽相同，主要包括下列三种模型。

第一种模型：行为理论认为，教师是专业教学中的主体，学习仅仅是一种被动的客体。知识的传递方式是根据教师的思维与行动自上而下实现的，学习者只能处于一种被动反应的状态，学习过程就像是一个看不见的黑箱。

第二种模型：认知理论认为，学生们具有非常强烈的主动性，可以主动与外界进行沟通，因此应当将学生从被动状态中解放出来，引导学生按照自己的特长与爱好，运用已有的知识经验，对全新的知识进行重新架构以及加工和选择，进而产生新的学习机会。

第三种模型：行动导向/建构主义学习理论认为，学生在认知的过程之中发挥着重要的作用以及价值，并积极地参与各种学习活动。因此，教学必须要以学生的真实需求为基础，不能将学生当作被灌输的对象；教师应当及时转变角色，积极发挥个人的价值以及作用，找准自己的定位，并积极引导知识的传授；教师需要进行身份的转变，了解学习的重要性以及价值，以此来积极地加强个人的控制以及自我管理。

第二节　情境认知学习理论

一、情境认知学习理论的发展过程

在多媒体计算机与网络技术为核心的智能化信息时代背景下，人类关于脑科学的认知机制研究日益深入，关于人类学习的本质，特别是关于建构主义理论的研究逐渐深入，这也催生了有关情境认知学习理论的出现。情境认知学习理论不仅成为西方学习理论领域的主流研究对象，也是继行为主义之后所提出的重要学习理论。该学习理论侧重于站在心理学的角度对信息加工这一理论进行分析，同时提出了相关的创造性见解。这表明人类对于学习理论的研究逐渐从单一化的视角向社会学、心理学、人类学以及生态学等多元化的视角转变，同时也对"人类是怎样学习的"这一问题予以更加全面、详细的解释。

从国内外关于学习理论的研究过程来看，对于学习理论的研究大概经历了三大主要范式的转变。20世纪初，心理学界占主导地位的学习理论是行为主义"刺激—反应"学习理论。直到20世纪60年代开始，注重学习者内部认知的心理学关于学习的研究才有了新的突破，从此时开始，行为主义心理学逐渐被认知心理学所替代，认知心理学理论开始成为学习研究的主要方向。但是关于学习理论的研究处于不断的发展中，80年代末或90年代初期，因为受到认知科学、生态心理学、人类学与社会科学等学科的多重影响，同时当时的学习环境还存在许多的不足，因此，存在与社会相脱节的现象，难以更好地促进学习者个人综合实力的提升，关于学习的研究逐渐由认知向情境转变。美国的心理学家格林教授等人认为，行为主义原则注重通过技能的获得看待学习。

认知原则注重按照对于概念理解的发展与思维同理解的一般性策略观察学习。情境原则侧重于通过情境的营造来提高学习者的参与积极性，保证学习者能够在积极主动的观察以及学习的过程中获得更多的学习技能，并进行有效的利益构建实质上的情感观点，将行为主义观点与认知主义观念相结合，将其纳入学生的参与行为中，保证学生能够找准自己的定位，并对自己的身份进行有效的认知。认知学派与行为主义的观点在某些方面十分相似，都对教学水平的提升有着重要作用，但是它们在某些方面则表现为直接的对立，观点之间存在排斥倾向。情境认知学习理论则融合了行为主义理论和认知实践理论中的合理因素与核心价值，让学生能够在参与过程中进行情境营造，同时能够充分地促进认知实践活动的提升，保障框架的有效搭建。在情境理论模式下产生的教育原则可以有效融合行为主义与认知教育原则中的有益要素，使之成为课程设计、学习环境与教学实践的基础。

情境学习的理论体系复杂且丰富，它的基本观点可以概括为以下三个方面。第一，情境学习理论对于知识的理解有其独特的视角，认为知识绝非某件事情，并非心理的某些表征，也不是事实与规则的集合体，而是个体与社会或物理情境之间相互联系的属性与交互的产物。这一点也从本质上揭示老师是主体建构的基础以及环节，这必须要以情境为基础，还需要注意与其他主体之间的沟通以及交流；其始终是以情境为基础的，并非抽象的；知识是个体在同环境相互交流的过程中构建的，并非由客观决定的，亦不是个体主观臆造的；知识是一种动态的结构，同时与组织过程存在一定的联系。总而言之，情境认知学习理论明确强调知识是指个体在不同环境交流过程之中所构建起来的主题内容框架，通过对学习情境的分析来获得一定的知识学习，是一种情绪性的活动，也是一个整体性的要素，因此无法被社会实践所分割。在现实社会中进行社会实践创造之后可以获得相应的知识和经验，情境认知学习理论强调学习是个人生活实践过程的重要组成部分，仍然只有在具体实践的过程中才能够获得知识的建构，这种认识将社会实践对于人类知识获得的重要性提升到了一个新的高度。

第二，情境学习理论还借鉴了建构主义与人类学的相关成果，从参与的视角对学习进行研究，认为学习者应当具备一定的学习能力，同时在学习的过程中主动性比较强。这一点直接揭示了学习与特定活动之间的相关性。另外，一个人在社会实践的过程中会与他人建立一定的社会联系，也就是说应当成为一个积极参与的个人。一个成员以及某种类型的人必须要在学习的过程中发挥个人的价值，人们在现实情境中通过实践活动可以获得知识与相关技能，也被赋予某一共同体成员的身份，也就是通常所说的"实践共同体"。这一点既强调了学习者个人在实践过程中的重要作用，也明确强调个人在学习的过程中通过模仿活动来积极地构建个人的认知模式，实践与共同体相互作用相互影响。该概念的提出不仅揭示了情境认知中知识的作用，还明确强调个人必须要注重实践能力的提升，通过对社会单元的构建来积极地发挥个人的作用。另外，学习是一种客观的结果，可以通过对该结果的分析来提高个人的参与能力。由此可以看出，学习从本质上是一个文化适应的过程，能通过积极地适应来获得共同体的成员身份，并以此来作为参与其他社会活动的基础和前提，可以将学习的意义从作为学习者的个体构建转移到作为社会实践者参与的学习，还实现了从个体认知过程到社会实践的迈进，将学习从被动的获得推向主动参与的获得。

第三，情境认知学习理论主要以个体的变化参与为基础以及核心，个体在合法的边缘性参与的基础上获得了实践共同体的成员身份。关于对合法性参与的理解，可以将这一词汇进行拆分，其中"合法"指的是随着时间的推移学习者阅历不断丰富的情况下，学习者必须利用各种学习资源并积极地参与各种学习活动中，但是学习者无法全方位地参与其中，仅仅是以部分活动参与者的身份出现。这一点也直接体现了情境认知学习理论的基础以及前提，每一个个体都必须要在学习实践的参与过程中找准自己的定位和方向，必须要在社会活动中积极地参与各种实践活动，同时能够在各种活动过程中习得各类知识。然而学习的过程则是从外围开始不断向中心迈进，并逐渐参与真实实践的过程。边缘性参与学习侧重于发挥学习者的主观能动性，了解学习者在学习参与过程中所发挥的价值以及作用。这一点也与个人的表征关系有着一定的联系，表明初学者可以先通过合法身份进行边缘性参与，在参与的过程中对专家的工作进行观察与模仿，或者尝试性地参与来获取学习的经验。因此，合法的边缘性参与的学习是初学者获得成员资格的主要方式，也是从初学者向成为专家这一学习过程的关键环节。

二、情境认知学习理论关于学习的观点

情境认知学习理论是在建构主义获得进一步发展的基础上诞生的，它可以帮助我们对传统的教学领域进行反思和重新审视，对学习的本质特征进行重新认识。实际上，情境认知学习理论希望能够对传统行为理论与认知信息加工理论进行有效整合，以弥补后两者存在的不足。

情境认知学习理论的基本观点与主要特征对于高职实践教学具有非常重要的

参考意义。在情境认知学习理论中，可以获得以下几个方面的启发。

第一，应当积极地引导知识转化为真实的生活情境。布兰斯特认为，应当为学生们创造一种在"做中学"，可以及时获得反馈信息并不断提升其个人理解能力的学习氛围。技术实践知识与工作过程知识的情境性，从根本上决定了这些知识的获得有赖于对工作情境进行再现。在这种情境下，所关注的并不是教师应当通过何种方式传递能够被学生理解的信息，而是可以为学生提供能够对其进行意义构建产生积极影响的环境创设，让学生在解决结构不良的、真实的问题过程中学会提出问题以及相关假设，使学生掌握对相似问题迁移的能力。更加重要的是，在能力特征与教学方法之间具有显著的交互作用，在与自身的能力相适合的教学情境中的学生，他们的表现从整体上要更优于一些不处于学习情境之中的学生。通过这一点可以看出，如果学生能够在情境学习的过程中了解适合自己的学习方法，就能够更加积极地学习各种新的知识，其表现也会更为优秀。但是在具体的教学实践过程中，学习情境与实际的工作环境是存在着不同程度的差别的，这就要求教师按照课堂教学、实验、学习、实训等教学环境的要求，积极地引导学生适应各种学习机会和学习环境，让学生能够通过情境的模拟，积极地进行知识的学习和探索，同时还可以利用合法的边缘性参与机会进行有效的模仿以及观察，保证自己能够获得更多锻炼以及参与的机会。另外，还可以安排学生积极地进行顶岗学习和实习，学生在顶岗实习的过程中获得更多的参与职业角色中的机会，这一环节是学生从边缘性参与转化为熟练者的重要方式。

第二，在具体的教学实践中，特别是在职业教育的教学实践过程中，将会出现众多的知识，这些知识是隐性的知识。学生必须要在情境以及知识的互动学习过程中了解一些隐性知识的发展情景，并通过积极主动的边缘参与来找准自己的知识定位以及行为模式，提高个人的活动能力。另外，在学习情境创建时，必须要注重发挥学生的主体地位，调动学生的学习积极性，学生不但要亲自实践某些知识，更要通过这些活动将那些隐性的知识转化为自身的能力并进行更好的实践活动。这是因为"做"并非最终的学习目的，其仅仅是学生获得锻炼机会的手段。在学生进行主体性活动的过程中，教师应当在学习者处于最近发展区的最佳阶段为其提供必要的指导与帮助，从而引导学生从一个新手向专家过渡。

第三，情境认知学习理论认为，学生在参与多场学习活动的过程中必须要找准自己的真实意义以及客观身份，将自己的角色从合法的边缘性参与身份向实践共同体中的核心角色过渡，这一过程是动态性的、协商性的、社会性的，是所有共同体成员利用各类互动交流和学习共同体经验，同时能够不断提高个人的主体意识，树立正确的人生观以及价值观。另外，在实践教学的过程中通过中心任务的下达以及情境教学法的运用，教师可以为学生营造良好的学习环境，保障其能够积极地运用各种学习工具，并进行有效的探讨。共同体内部成员既需要掌握一般意义上的认知能力，也需要掌握彼此之间积极互动、沟通、交流等社会交往方面的能力。由此，学生在与来自不同文化背景、能力存在差别的其他学生进行理论与实践、思想与行动的碰撞过程中，逐渐掌握了相关的知识，从而形成良好的人生观以及价值观，促进个人综合实力的提升，并积极地吸收各种新的知识。

在情境认知理论的学习理念的引导下，曾经有很多的教学策略被创造出来，例如，我们常见的认知学徒制、抛锚式教学、交互式教学与合作探究式学习。从教育理论与教学实践来看，情境认知学习的很多观点对于开拓学生的视野具有十分重要的意义，它契合了时代发展对于高职教育提出的更高的要求，对于职业院校的教学改革具有十分重要的指导意义。它所提出的关于知识学习的新的观点，对于我们重新理解知识的内涵、怎样选择、获得工作过程的知识提供了范本，这一点对知识观念的构建有着重要的作用以及影响。另外，这种理念侧重于学习观的建立，真正地打破原有的教学模式，不再以教材及教师为中心，而是以学生的真实需求为核心，了解学生全面发展的需要，更加符合学生们成长的规律。

第三节　迁移理论

一、迁移及迁移理论概述

美国著名心理学家奥苏贝尔在 1968 年提出了有意义的语言学习理论。他认为，有意义的学习主要以原有认知结构为基础和前提，每一种学习过程都会受到其他认知结构的影响，大部分有意义的学习必须要注重知识的迁移，每一个知识的吸收都以现有的认知结构为媒介，通过这种知识的经验来充分发挥相关的特征以及作用，进而更好地促进新知识的学习以及吸收。信息时代所导致的信息与知识爆炸，迫切要求对教育的目标进行优化，将其定位于如何提升学生的学习能力。在传统教育模式下，无法真正促进学生了解各种知识的价值，无法保证学生能够获得一定的迁移能力。另外，难以让学生灵活地运用所学到的知识对不同情境中的问题进行处理。

利用迁移，可以让新知识与旧知识在知识结构上实现统一，使新的知识构建在已有知识的基础之上，方便学生理解和掌握。因此，学生为迁移而进行学习，教师为迁移而进行教学，已经成为学界的共识。高职教育作为高等教育的重要组成部分，很多基础性课程对于高职教育具有十分重要的作用，例如，在机电类专业教学中，需要学习和掌握高等数学所提出的各种学习方法和知识构建，高等数学传授给学生的不仅是那些关于数学的基本理论知识，更重要的是它能够培养学生的数学思维能力，其中主要包括空间想象能力、计算能力、逻辑思维能力以及分析解决问题的能力、创造性思维的能力等。因为高职院校的学生生源的基础普遍较差，教师怎样运用科学的教学方法，在有限的时间内使学生掌握高等数学的基础知识，使其具备各种能力，以便于更好地进行知识的迁移就显得十分重要。本节将重点对迁移理论进行论述，从中找出迁移理论对于高职机电类专业教学的价值，并借助概念图来构建"知识点结构图"的方法，从而实现有效的迁移。

二、迁移理论的研究现状

迁移理论的发展是一个不断完善的过程，不同阶段的迁移理论存在一定的差别，这些差别主要是形式上的，而非本质上的差别，这些理论只是关注了迁移的一个方面，应当说并不十分全面。其中，共同要素主要侧重于对相关理论要素之间的分析，了解不同要素之间的共同性。另外，该理论也提出学习的迁移主要由两种不同的环境以及要素所组成，迁移理论关注主体个人的知识经验，并强调个人的概括能力会直接影响学习迁移的实际效果；注重主体所能察觉事物的能力，认为主体察觉事物的能力越强，知识的迁移能力就越强，因此，在学习的过程中必须要注重对知识的掌握以及迁移。

随着认知心理学的不断发展，关于学习迁移的研究也逐渐向知识学习方面靠拢，认知心理学更加关注认知结构对于学习迁移的重要作用。美国著名心理学家布鲁纳与奥苏贝尔都是这方面的研究专家，奥苏贝尔注重对于学生的认知结构与迁移的关系的研究，认为认知结构变量对于迁移具有十分重要的意义。目前国内的研究者也将迁移理论与高职实践教学进行了分析，并提出在高职实践教学的过程中，大部分教师能够通过教育心理学的运用以及迁移规律的分析来了解实际情境教学的相关要求。

国内学者研究发现，教师在教学实践中运用学习迁移规律，缺少与高职机电类教学的有机结合，容易出现侧重于知识的教学而忽视了学生在迁移活动中学习能力的培养，在开展迁移教学过程中重视对于教材内容的设置，缺少对于培养学生迁移能力的把握，使迁移教学异化为经验型教学。针对高职机电类专业实践教学的特点与高职学生的特点，一些研究者提出了与迁移理论相关的多种教学方法。特别是提出在高职机电类专业教学与学习过程中应用"知识点结构图"的方法，将更有助于学生理解和掌握相关的知识，提升迁移的能力。强调在教学实践的过程中必须要了解迁移教学理念的重要因素，并进行深入的研究，重点关注促进学生学习的正迁移，防止出现负迁移，为具体的实践教学提供有效的理论参考，更好地服务于学生的学习活动。

三、迁移理论在高职机电类教学中的具体应用

学习是一个十分漫长而又艰辛的过程，同时该过程具有一定的连贯性，学生要结合已有的知识经验，通过知识框架的构建来形成良好的学习习惯，树立正确的学习态度。另外，新知识的学习反过来也会影响学生对原来所学知识的理解，对其认知结构予以重组，对原有的知识结构进行有效的丰富，强化原有的知识技能。这种新知识与旧知识之间相互影响的过程称为学习的迁移。根据迁移的效果方法进行划分，可以将其划分为正迁移以及负迁移。正迁移是指知识迁移过程之中的积极影响，负迁移是指知识学习过程之中的负面影响，不仅影响个人学习效果的提升，而且难以真正地提高个人的综合学习能力。

例如，学生学习高等数学中的无穷大量与无穷小量时会习惯性地将其当作很大或者很小的数，但是这种认识存在一定的偏差，这是由之前个体所学的其他方面的知识带来的负面影响。结合迁移的实际方向可以将学习迁移分为逆向迁移和顺向迁移。其中，顺向迁移主要是指根据先前已有的经验来对现有的新知识进行有效的影响；逆向迁移主要是指新知识学习对原有知识学习的影响，对于知识的理解和把握不到位以及不全面的地方，可以进行有效的修正，使得原来所学的知识更加稳定。

关于迁移理论的研究具有较长的历史，无论是国外还是国内，无论是早期的学习理论经验还是后期的理论学习结果都与其理论的应用以及相关研究有着一定的联系。另外，结合学习理论体系来说，迁移理论在整个理论体系构建的过程中发挥着重要的作用，每一个新知识的学习都会伴随着新的迁移理论的出现。迁移理论主要包括形式训练说、关系转化说、概括说、相同要素说以及定时说。

形式训练说主要侧重于对形式训练整个过程的分析，在该过程之中会产生一定的先验性，亦会对每一个迁移创建以及心智的成熟产生较为明显的影响，其中还包括个人的注意力、记忆能力、推理能力与想象能力等方面的能力。相同要素

说诞生于19世纪末与20世纪初，是由心理学家桑戴克在实验基础上提出的关于学习的学说，这一学说认为当两种情境中的刺激具有相似性，同时会产生许多相似的因素，在整个过程中会发生一定的迁移，不同情境中所产生的相似要素越多，那么实际的迁移能力就越强。概括说是心理学家贾德在实验的基础上提出的，他认为两种学习活动之间所具备的共同要素只是产生学习迁移的外在影响条件，是出现迁移的不可或缺的必要条件，但并非相同要素说认为的是决定迁移产生的要素，决定因素在于学习者在学习迁移过程中的共同原理的概括能力以及总体的学习能力。心理学家赫蒂里克森等人进一步提出，概括并非一个自动完成的过程，其与教学方法之间存在紧密的联系，必须在教学方法上关注怎样概括以及思维的能力。由此可以看出，概括说主要侧重于对相同要素的分析，并站在此基础上对学习迁移之外的内在原因以及外在原因进行界定，这些分别是学习活动存在的共同要素与两种学习活动的概括作用。关系转化说则侧重于了解学习迁移过程中的关键性因素，并强调迁移是学习者在顿悟的基础上发现了两个学习活动之间存在关系的结果。20世纪50年代，哈洛进行了著名的猴子实验，并发表了《学习定势的形成》这一重要的学术著作，明确强调了定势说的概念。定势说认为，从简单到复杂地安排学习任务的时候，学习者可以顺利地完成学习任务。另外，学习者还可以通过各种情境的营造来提高个人的学习能力，促进个人作用的发挥。上述各类学说都是以一定的实验为基础，对迁移产生的原因提出了自己的见解，具有一定的合理性。同时，该理论也存在一定的局限性，局限在用动物学习与人的机械学习的规律对有意义的学习与高级学习进行解释。现实的情况是，学习迁移与学习者的概括思维具有密切的关系，在认知科学与信息加工学习理论不断发展的背景下，关于学习迁移理论中的认知问题越来越成为关注的焦点问题。

现代迁移理论侧重于对学习者个体作用的发挥，并强调个人的认知结构在学习意义构建的过程之中发挥着重要的作用。现代迁移理论主要包括产生式迁移理论、结构式迁移理论、建构主义迁移理论、类比迁移理论以及元认知迁移理论。许多社会著名学者在对认知迁移理论进行分析时站在不同的视角进行全面的解释。首先，迁移理论是一个相互联系的学习过程，同时包括以往的经验。以往的经验并非只侧重于不同学习活动的分析。另外，在两种不同的学习活动中会产生许多刺激，同时刺激的程度较为相似，但是该迁移活动并非只是指这一个方面。其次，是指学生在知识构建过程中表现出包容性、概括性、稳定性的特点。在学习活动中所获得的学习经验，并非只是对他人进行影响，而是通过互相作用和牵制来积极地促进认知结构的构建，从而更好地促进学习进度的提升，保障知识的有效迁移。最后，迁移的作用并非指学习情境的营造，而是通过相同学习环境的提供保障个人学习能力的提升。通过上述分析可以看出，不管是在接受学习还是在解决问题的过程中，只要是在已经形成的认知结构基础上对新的认知功能产生影响的地方就会产生迁移。

美国心理学家安德森提出了迁移产生式理论，该理论主要以基本技能训练为基础，认为在前后两项技能的学习过程中之所以会产生学习迁移，主要是因为两种不同的知识和技能之间产生了一定重叠，同时重叠的部位越多，迁移的程度就越高。迁移产生式理论包括势力理论、实用图示理论以及结构映射理论，建构主义迁移理论尤其关注知识学习的情境化，该理论认为教学应当使学生在各类真实情境中从各个角度反复应用所学的知识，从而加深对于知识的理解程度，促进更多的迁移的产生。元认知迁移理论又称为元认知策略，该理论强调对学习问题以及解决问题的研究来了解两个不同学习层次的重要意义。认知策略理论侧重于对迁移学习的理论分析以及研究，并强调问题的解决者可以对问题进行重新界定，对一系列的技能进行有效的分析，并可以在解决新的问题时对其应用进行监控。

第四节　学做合一理论

一、学做合一理论的思想来源

世界上所有的事物都处于不断发展变化之中，教育思想的发展也是如此。教育思想的发展不仅能够促进教学模式的革新，还能够结合已有的思想认知促进知识结构的完善。教学做合一理论的形成并非在一朝一夕之间完成的，其发展过程与我国教育的兴衰密切相关。学做合一理论从萌芽走向成熟，成为影响了几代人的教有思想。

学做合一理论最早是由我国著名教育家陶行知在20世纪初提出的重要概念，该概念对促进我国教学水平的提升做出了巨大的贡献。美国著名教育学家杜威的实用主义学说强调"从做中学"，这成为陶行知学做合一理论的直接思想来源。1917年，陶行知从美国留学归来，当时全世界都十分推崇赫尔巴特的传统教育理念，而国内教育界占统治地位的是封建复古的教育思想，在这种历史背景下，陶行知认为必须对教育进行改革。在众多改革方案中,"从做中学""学做合一"的提法给予陶行知巨大的启发。针对学校的教师只按照教材照本宣科,仅注重知识的简单传授而不注重学生个人主动性的发挥,陶行知认为教与学必须有机联系起来。同时,随着我国教学水平的不断提升,一些学者对实践生活与教学发展之间的相关性进行了深入的研究,认为有必要将"做"与"学"联系起来,由此形成了学做合一的理论雏形。

二、学做合一理论的思想内涵

按照陶行知解释,学做合一主要包括两层含义:一是方法;二是实践方法。关于方法方面,学做合一理论主张教学方法应当契合学习的方法,学习的方法应当契合实践的方法,否则,就难以真正实现知识的有效利用以及转化;教学方法、学习方法、实践方法应当是一个系统的整体。在学习过程中,必须要将理论知识与实践知识相结合,在实践的基础上进行知识的学习以及转化,学生与老师必须要注重互动和交流,实践就是教学,实践就是学习。从上述论述中看出,陶行知非常重视实践的作用,为此他还单独对"做"这一实践活动进行了解释。他认为,在学习过程中,要注重新方法、新思路的寻求,通过积极的方法更好地掌握知识。"做"既是学习的中心,是学生在做中学,同时也是教的中心,是教师在做的基础上教学,"做"是连接教与学的纽带。尽管陶行知十分注重从实践角度审视学习和教育,但是这并不代表其不重视系统知识的学习,而是通过学做合一思想探索出了理论与实践相结合的契合点,对教育与实践的关系作出了科学的理解。

有的学者认为,学做合一思想是陶行知的生活教育思想在教育方法上的具体应用,显然这种观点没有正确理解学做合一教育思想的真正内涵,只把它当作一种简单的教学方法。只有通过教学实践的积极研究突破传统的教学模式,从整体上掌握教学内容,真正将教育与实践相结合,才能充分发挥学校教育以及社会教育的价值、作用,并构建良好的社会教育体系。另外,在理解的过程中,应当将学做合一思想置于更加广阔的社会实践中,从而更好地实现学做合一思想的应有价值。

三、学做合一理论的思想特点

陶行知注重在日常的教育教学实践过程中,要做到知行合一、学思结合,通过潜移默化的教育改变旧思想、旧道德对师生观念的束缚,消除传统教育思想的不合理之处,使教育遵循自然发展的规律。具体来看,学做合一理论主要有以下几个方面的思想特点。

（一）主体性

在传统教育思想的影响下，学生往往读死书、死读书，在课堂上仅仅是听教书先生按照书本的内容照本宣科，学生的主体性作用根本无法体现。在传统教育模式下，学生仅仅是教书先生照本宣科的对象，学生不能自主地选择自己喜欢的学习课程、教学内容，不能自主地掌控学习的进度，对于老师传授的知识只能机械、被动式地接受，只能与教材内容及教师教学方式相配合。陶行知正是观察到传统教育中这种不合理的现象，才提出了学做合一的主张，希望新的教育模式能够充分尊重学生的主体地位，重视培养学生的自主探索与创造精神。学生唯有获得了主体地位，才会产生主人翁意识，才会进一步明确自己的学习目的，为实现自身全面发展做出努力。学做合一思想在对学生主体地位充分肯定的同时，也进一步明确了教师与教材的关系，纠正了传统教育中存在的"教师围着教材转"的局面，使得教师也具备了自主独立的意识，不再受限于教材的教学内容，获得了更多的主动权。

（二）实践性

在学做合一的思想理论体系中，"做"的重要性是不可言喻的，这是陶行知理论体系与教育实践中非常关注的一个方面。"做"可解释为实践与行动，陶行知提出必须在实践中教学，实践应该是前提条件、基础条件，通过实践对事物表象形成认知，并通过不断的归纳总结其内在的特质，从而形成正确的思想认识，由此来升华感性认知，使其成为理性层。让学校教育教学和社会实际生活密切联系在一起，对于实践的学习、教育等必须要予以重视，教师和学生不能只局限于课本中的内容，应当将学习的视野放宽，将自己在日常生活中遇到的问题作为学习的内容。在对"实践检验真理"这一观点进行肯定的同时，陶行知并未否定知识在学习中的重要性，他始终认为书本上所体现的教学内容对于学生系统地掌握相关知识意义重大。因此，当我们在审视学做合一理论时，应当对其实践性进行辩证的理解，它的目的并非将全部的教育活动都置于实际经验中，也并不是完全忽视课堂教学的重要性，而是让人们最大限度地理解实践对学习的重要性，并积极主动地在教学过程中将所学知识与实践联系起来，服务于课堂教学内容，更好地启发学生灵活运用所学的知识，提高学习的效率。

（三）创新性

对于创新一词，《现代汉语词典》将其解释为：创新是一个概念性过程，具备新描述、新发明及新思维三大特征。其含义体现在三个方面：更新、新事物的创造、改变。着眼于本质层，创新就是新的创造，在学做合一理论中，其创造性具体体现在以下几个方面。首先，从这一思想的名称变化来看，从最开始的"从做中学"，发展至后来成为"教学合一""学做合一""教学做合一"，这些称谓的变化本身体现的就是这一教育思想不断发新和完善的过程。其次，还突破了过去所沿用的教学模式，即"学在书本，教在课堂"，将实践这一因素引入教学实践活动中，为教师开展教学、为学生进行学习创造了更加有利的条件，提供了新的方法，从整体上推动了教师、学生、教学内容、教学方法等不断向前发展。因此，从这一方面来看，学做合一思想的实践性为教育的创新提供了丰富的灵感。最后，创造性地改变了传统教育模式下师道权威的关系，将学生从学习客体的位置上解放出来，成为学习过程中的主体；将教师从课本的桎梏中解放出来，拥有了更大的教学自主选择权。因此，学做合一的创新性实质上是对教师、学生的一种正面鼓励，无论是教师还是学生都应该积极主动地去创新、突破，探索未知事物，在有效的质疑、发问、交流、探究的过程中实现共同的进步。

四、学做合一理论在高职机电类专业实践教学中的应用意义

（一）有利于深化指导高职机电类专业教学实践

从古至今，一切先进、科学的教学理论都只有在具体的教学实践中才能发挥其作用，检验其是否与教学实践的规律相符合，是否能够有效推动教学实践的发展。在传统的高职机电类专业教学过程中，教师往往注重对于学生理论知识的讲授，忽视教师讲课与学生学习之间的有效活动，未能有效发挥理论与实践相互联系的作用，存在过度偏重灌输理论知识而忽略实践运用的问题。在新时代背景下，高职院校以培养社会需要的实践型人才为主要目标，这对高职院校的教学提出了更高的要求。学做合一教学思想契合了新形势下高职院校教学任务的要求，能很好地解决高职机电类专业课堂教学实践中存在的各种问题。其中，"做"很好地体现了教学实践，只有将重心放在"做"上，才可真正连接起"教与学"，实现三者之间的有效循环，将理论与实践联系起来，做到"知行合一、学做合一"的教学思想与新的历史条件下的教学理念相契合，其站在实践的高度对高职机电类专业课堂教学中存在的各种问题进行全面的审视，对于提升高职机电类专业教学质量具有非常重要的指导意义。

（二）有利于高职机电类专业教师角色向引导型转变

在我国传统教育思想体系中，尊师重道、学必有师等占据主流地位。在一切教学活动中，教学是核心，将其视作不可代替的，对其授业权威性过度偏重，教

师的地位都是不可动摇、至高无上的。在新时代背景下，我国针对基础教育展开了新课程改革，对教师素质也有了更高的要求。因此，要重视学做合一理论，促使高职机电类专业教师积极转变自身的角色定位，成为学生的学习指导者，掌握终身教育、素质教育这一理念。对于高职机电类专业教师而言，"教"是要从学生"学"及其实际认知出发，以学习决定教学，而不能局限于知识理论的单向传授与灌输，实现角色的有效转变。

(三) 有利于促进学生全面发展

学做合一理论强调，学生是教学活动的主角，是一个独立存在的个体，必须尊重其主体地位。但是在传统的教学模式中，教育者的角色定位是专家、是权威者，他们负责传授知识给学生，学生被动地接受知识，无法积极主动地参与教学活动，也不能够明确其学习目的，对学习中遇到的难题也无法共同探索解决方案。基于被动学习这一状态，导致最终的教学效果并不理想。学生只有将学习视作自己的兴趣所在，才能投入足够的精力，展开更深入的研究分析，且积极思考学习。学做合一理论充分肯定学生的主体地位，其目的在于提高学生的学习自主性，激发学生主动学习的积极性。因此，在新时代背景下，在尊重学生主体地位的教学实践进程中，学做合一理论必将发挥更加重要的作用。

机电类专业实践教学模式

第一节 "2+1" 实践教学模式

一、"2+1" 培养模式的内容及特征

当前，各高校都在不断地扩招，但与此同时毕业生也面临着更大的就业压力，不仅普通高等院校面临就业问题，高等职业院校也同样面临就业问题。高校毕业生的数量逐年攀升，就业难已经成为社会广泛关注的热点问题。教育部和地方政府高度重视毕业生的就业问题，通过相关政策法规的颁布、更多就业机会的提供等手段，帮助众多高校毕业生找到合适的就业机会，高职院校的毕业生就业问题得到有效缓解。高职院校要认识到，就业问题是高职院校长期面对的问题，必须予以高度关注，选择什么样的办学模式，培养什么样的人才，才能从根本上解决高等职业院校就业难的问题，这是高等职业教育必须重视和深入研究的课题。

（一）"2+1" 培养模式的由来

20 世纪 50 年代以来，我国的教育体制进行了多次改革，高等院校探索出了产学研相结合的办学模式，并且从理论上形成了产学研相结合的教育思想。80年代，高等院校开始尝试引入合作教育模式。合作教育就是将学习和实践结合在一起的教育方式，最早出现在 18 世纪初的美国。那时候的合作教育比较局限，是将学习和劳动紧密结合在一起。美国自从出现了合作教育方式之后，当地的高等学校、企业和政府给予鼎力支撑，促使合作教育方式不断推广和发展，也强化了学校和企业之间的关系。立足于社会需求，为社会培养了大量的应用型人才，充分展现出该种教育方式的优势。20世纪60年代以来，很多发达国家积极引入美国这种合作教育方式，随之不断推广和使用，使其演变为一种国际性的教育方式。我国的产学研合作教育的起源就是合作教育。经过多年的探索和实践研究，我国的产学研合作教育也取得了一定的成绩。尽管依旧还在摸索、优化时期，但就国内高等职业教育创新改革发展而言，其价值得以凸显。

近年来，我国高度重视职业教育，高职教育发展迅猛，学校规模越来越大，教学质量显著提升，办学方向不断调整和完善。高职院校不断转变教育理念，适应社会产业变革和经济发展需求，以培养学生的实践操作能力和提升专业知识水平为目标，为社会提供所需的应用型人才。

高职院校充分利用学校的师资、科研资源以及企业的实习环境资源，深度挖掘两者的优势，实现资源共享、互利互补，有效地解决高职教育在发展过程中遇到的突出问题。

产学研合作教育方式，为高职高专院校的发展提供了一条有效的途径。经过几十年的发展和完善，我国高职教育初步形成了具有中国特色的办学模式，包括"订单式"人才培养模式、"2+1"人才培养模式等多种合作教育的模式。

"2+1"人才培养模式是我国高职院校在探索产学研合作教育方式的过程中，在不断完善课堂学习和校外实习、脱产实习和模拟实习方式的过程中，不断调整方式，改变教学内容，从而形成的一种人才培养方式。它强调产学相结合，学校和企业都作为学生教育的主体，让学生在学校和企业两个不同的教育环境中学习。采用"2+1"人才培养模式，能够快速提升学生的专业知识水平，使自身的实际操作能力得以增强，能更好地适应未来的就业需要，大大缩短了学生上岗前的适应期。很多高职院校实施"2+1"人才培养模式取得了优异的成绩，例如，河南机电高等专科学校，在教育部和河南省教育厅的大力支持下而以机械制造为试点专业，大力推广"2+1"人才培养模式，学生的专业知识水平得到有效的巩固和提升，动手操作能力得到企业的一致认可，就业率明显提高。随后，很多高等职业院校也纷纷加入"2+1"人才培养模式的试点项目，并取得了骄人的成绩。

（二）"2+1"培养模式的内涵

"2+1"人才培养模式是我国高职院校在产学研合作教育的指导思想下进

行具体实践的一种培养模式。该模式将学生的三年学习时间划分为一个两年、一个一年。第一年、第二年在学校学习专业知识，并且配合实验和实习等实践性教学内容。最后一年以工人的身份在企业中实习，其间穿插对专业课的学习，在实习过程中，结合实际情况选取毕业课题，并在学校教师和企业指导教师的共同指导下完成。"2+1"人才培养模式并不是简单地将学习时间分为两年和一年，而是以学生的理论知识学习为基础，加强培养其实际操作能力，以及发现问题和解决问题的能力。在学习过程中，学校和企业都是学生的教育主体，共同承担教育责任，最终使培养出的人才能够更好地适应岗位需要，满足经济和企业的发展需要，达到高职院校人才培养的目标。

"2+1"人才培养模式，以充分挖掘和利用学校和企业的优势资源为根本，以学校和企业作为教育学生的两个责任主体，为学生提供两种不同的教育环境，使企业、学校积极地协同合作，对学生进行全面的职业能力、职业道路培育。通过"2+1"人才培养模式，使得学校以企业的需求为指导，转变教学理念，不断调整教学内容，对教学计划进行优化，使得教学活动更加实用，更具有针对性，让学校的教育能够紧密围绕企业需求，让学校的教育与实际工作环境更为贴近。同时，学生因为"2+1"人才培养模式的实施而获得了与工作环境提前接触、感受的机会，其岗位认知更为深刻，对企业更为了解，并且在企业一线体验真实的操作流程，使得操作能力得以增强，拥有更高的综合素养水平，使未来就业根基更为稳固。

当前，国内很多高职院校都积极倡导实施"2+1"人才培养模式，即第一年、第二年学生在学校学习，具备一定的专业知识积累，然后在最后一年到企业进行实习，对工作环境、流程等切身体验。此外，企业实习可分为两种方式：一种是顶岗工作；另一种是课题攻关。顶岗工作的方式就是学生以真实的工人身份进入企业，并且承担一定的工作，在实际工作中，学生可以获取大量课本上无法获取的经验性知识。在顶岗实习工作中也会遇到诸多问题，这些问题都是现实存在的问题，具有一定的复杂性，涉及的范围较广，这就需要学生脱离课本的束缚和专业局限，不断拓宽自己的知识面和视野。

（三）"2+1"人才培养模式的特征

"2+1"人才培养模式是对产学研结合教育的一种具体实践方式，从其内容和运行过程来看，具有以下特征。

1. 人才培养的目标方向明确

高职教育是以就业为导向的教育方式。"2+1"人才培养模式的目标十分明

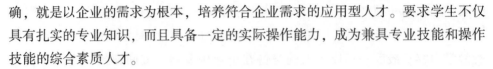

确，就是以企业的需求为根本，培养符合企业需求的应用型人才。要求学生不仅具有扎实的专业知识，而且具备一定的实际操作能力，成为兼具专业技能和操作技能的综合素质人才。

2. 校企双方共同育人

"2+1"人才培养模式中学校和企业共同承担学生教育的责任，成为两个教育主体，并为学生提供两种不同的学习环境。学校要充分认识产学研合作教育的重要意义，并且着重加强产学研合作的学校教育工作，并作为学校的重点工作来抓。企业也要充分认识到，积极与学校形成合作关系，共同培养人才是企业持续发展的有力支撑，不仅要承担教育学生的主体责任，还要积极改善学生的实习环境，为学生的全面发展提供必要的条件。校企合作办学方式，要成立共同管理的机构，研究制订符合学校和企业实际的教学方案，实施规范化的教学实践，从而加强交流和沟通，共同培育出综合素质较高的学生，符合"2+1"人才培养模式的教育要求。

3. 促进学生社会角色的快速转变

"2+1"人才培养模式为学生提供了接触工作环境的机会，并作为一名真正的工人走入企业，为学生奠定了坚实的实习基础。在实习过程中，学生真正体验到生产流程和生产工艺，掌握其中的操作规范，同时在实习指导教师的带领下，可及时发现、解决问题，由此学生角色真正转换为工人。学生实习完后再进入工作岗位，就实现了无缝隙连接，上岗之后适应能力强，能够快速进入工作状态，工作能力和工作效率大大提高。

第二节　工学交替实践教学模式

在当前经济持续快速发展的时代背景下，对社会高素质应用型人才的需求巨大。高职院校作为培养社会所需应用型人才的主阵地，要适应社会发展需求，树立以学生为本的理念，以培养具有知识水平和实践操作能力的应用型人才为目标，为社会提供大量的合格人才。在此过程中，高职院校采用工学交替实践教学模式，加强学校和企业的合作，取得了一定的成效。

一、工学交替实践教学模式的意义

工学交替实践教学模式是提升学生职业能力和综合水平的一种教学方式。在实施工学交替实践教学模式的过程中，企业必须将自身所具备的实训基地这一优势充分发挥，将良好的实习、实践场所提供给学生，让学生能够真正体验在企业一线的工作环境，以便今后更好地完成学生到工人的角色转换。采用工学交替实践教学模式，学校也加强了与企业的交流和联系，能够及时了解企业所需的人才类型，并且及时调整专业设置和教学计划，提高了教学的针对性和实用性。此外，教师队伍素质越来越高，课程改革也得以推进，工学交替实践教学这一模式让学生获得了实习机会，学生还能够据此获得劳动报酬，对于困难学生而言，其经济负担也得以有效减轻，有利于帮助其渡过难关顺利完成学业。另外，在工学交替实践教学模式实施过程中，企业会选取部分优秀学生签订就业协议，直接解除了学生毕业后的就业顾虑。所以，实施工学交替实践教学模式，对人才培养和教学建设都具有非常重要的意义。

高职院校采用工学交替实践教学模式，有利于培养出的学生能够更加符合企业和经济发展的需要，缩短学生进入工作岗位后的适应期，同时又为企业降低了培养人才的成本，为企业提供了充足的后备人才，提升了企业的行业竞争力。通过工学交替实践教学模式，企业也强化了与学校之间的沟通，更加了解学校的培养目标和专业设置。学生在企业中实习，让企业充分了解学校的专业设置，以及学生的学习内容。通过工学交替实践教学模式，增加了学校和企业之间的交流沟通，让彼此更加了解，同时企业也可以为学校的专业设置和教学内容提供一定参考意见。

二、工学交替实践教学模式的概述

社会经济的改革和发展，对职业教育和人才培养提出了更高要求。高职院校为了培养适应企业需求的高素质人才，提供更多就业岗位，通过和企业的合作来创造出新的校企合作、工学交替等模式。由于高职院校持续深化与企业的合作，也演变出形式多样的教学模式，包括工学交替模式、半工半读模式、捆绑式模式等。虽然名称不同，但是它们都具有同样的特点，就是通过学校和企业合作教育，完成培养学生的任务。

工学交替就是学校学习和企业实践穿插进行的一种人才培养模式，也是探索培养高素质应用型人才过程中创新的一种教学方式，对职业教育的发展具有十分重要的意义。长期以来，我国的职业教育仍然停留在传统的教学模式中，学生在学校完成所有理论知识的学习，再正式步入社会，开启工作模式。在找工作期间，学生的诸多不足逐渐表现出来，例如缺乏经验、职业素养低等，难以满足企业的发展需求。很多学生甚至刚进入工作环境，就由于各种原因选择跳槽或辞职，导致学生就业压力增大，企业招工难。

采用工学交替教学模式，正好满足了企业的需求，成为为社会培养应用型人才的途径之一。工学交替就是将课堂学习和工作学习相结合，并且在工作过程中应用所学的理论知识，同时将工作中总结的经验结合在理论学习中，从而提升自身的职业能力。在工学交替教学模式下，学生一般从事具体工作，可以获取一定的劳动报酬，在很大程度上解决了困难家庭学生的经济负担。

通过以上分析可见，如今国内高职院校在积极探索工学结合、校企合作这一模式期间，包括浅、中、深三个层次。其中，浅层次合作即基于企业要求，高职院校来对其专业方向进行设计、设置，和企业订立学生实习协议，实训基地设立在合作企业，由此使校企合作得以强化；中层次合作即企业、学校两者共同组织设立董事会，邀请相关学者、高级技术人员参加董事会，决定学校的发展事项，学校的专业设置、教学内容，也均由董事会根据企业的要求决定，因而使学校、企业合作达成；深层次合作即实现企业、学校两者之间的彼此融合，实现产学研三位一体的战略合作关系。学校立足于企业的需求和发展，进行相关课题的研究和攻关，并且通过进一步的合作，将课题研究成果转化为生产力，使企业获得更为理想的经济效益。企业给学校投入更多的资金，改善学校的教学和科研环境，从而达到共赢的目标。

三、关于工学交替实践教学模式的研究

通过工学结合使校企合作得以强化，是高职教育人才培养的主要模式。目前我国针对工学结合的研究成果较多，但是以某高职院校为案例，进行深入研究工学交替实践教学模式的成果相对较少。

早在20世纪50年代，一些西方国家就已经展开了对工学结合、校企合作办学模式的研究，并且通过各地区的实践，将校企合作、工学结合这一颇具特色的模式成功构建起来。例如，德国的"双元制"、英国的"工读交替制"等，都取得了良好的效果，并且成为其他国家开展校企合作教育方式的成功范本。我国针对工学结合、校企合作办学方式的研究起步较晚，校企合作的办学方式还存在一些问题，主要表现在：一是关于高职院校开展工学结合、校企合作的研究，大部分都浮于理论层面，无法为工学结合、校企结合的实践教学模式提供充足的理论力量。二是如今国内多数高职院校都基于校企合作、工学结合这一模式，与企业的合作停留在浅层面的居多，而未深入中层次和深层次。因此，加强高职院校工学结合、校企合作理

论研究，以及探索符合高职院校实际的合作方式更为重要。

四、工学交替实践教学模式的具体内容

（一）工学交替实践教学模式的特征

高职院校采用工学交替实践教学模式，不仅可以提高学生的学习自主能动性、针对性，还能够协助学生提升其职业能力和职业道德。工学交替实践教学模式具有以下几个特征。

一是工学交替实践教学模式是高职院校和企业之间以稳定的合作关系为基础，从而达到互利共赢、共同发展的目标。既可以保证学生获取一定的专业知识，又能够掌握工作实际操作能力，也有助于学生深入理解企业文化，提高职业素养。二是在实施工学交替实践教学模式的过程中，在学校，学生的角色是学生，在企业，学生兼具工人、学生两个角色。在实习阶段，企业负责管理学生，此时学校的作用是辅助性的，实现校企共同管理。三是在工学交替实践教学模式下，学生在企业有其相应的岗位，且会获得相应报酬。四是践行工学交替实践这一教学模式，在实习过程中，学校、企业共同对其表现作出考核、评估，若学生获得了优秀评价，企业可以择优录用，学生可以根据自身情况选择接受或拒绝，实现企业和学生的双向选择，在一定程度上解决了学生就业难的问题。

（二）工学交替实践教学模式在高等职业教育中的地位

当前，我国高等职业教育进入了高速发展阶段，加强高职院校与企业的联系，必然成为高职院校的未来发展方向，也是必然趋势，因此，工学交替实践教学模式成了校企合作的重要方式。高职院校采取工学交替实践教学模式，要立足于企业需求，以培养为企业服务的人才为目标，充分依靠企业的优势资源，深入强化与企业的合作，为高职院校培养社会所需的应用型人才提供有力的保障。通过实施工学交替实践教学模式，学校可以根据社会需求，不断完善教学课程内容，提升师资队伍素质，改善校内和校外的实训环境，为学生提供更加专业、全面的学习环境，提高学生的实际工作能力，为学校和学生树立良好的信誉和口碑。

（三）工学交替实践教学模式在职业教育中的作用和意义

1. 工学交替实践教学模式的实施降低学校的办学成本

高职院校实训基地一般涵盖校内、校外两个部分。校内实训基地的设备简单，只能满足学生的基本实习需要，培养学生的基本操作能力。而校外实训基地场地广阔、设备先进齐全，能够有效提高学生的实际操作能力以及综合职业能力。

现代科技发展迅速，技术、设备都在快速更新，学校受限于资金问题，无法及

时采购先进的机械设备，这样学生就难以了解先进技术、掌握先进设备的使用方法。但是，企业由于生产需要，必须紧跟科技的发展，采购最先进的机械设备保证高效生产。因此，学生到企业参加实训，可以了解和操作先进的机械设备，从中学习最新的技术知识。另外，学生进入企业参加实训，可对真实工作环境进行切身体验，对其最新设备、技术等加以了解，深刻理解企业文化，对于学生职业能力和职业道德的提高都有积极的作用。高职院校联合企业，将企业作为学生实习场所，由此设备购买资金费用得以减少，其办学成本亦能够因此得以有效缩减。

2. 工学交替实践教学模式的实施加强了双师结构教学团队的建设

职业教育实施工学交替实践教学模式，教师负责具体的实施，教师队伍的素质直接影响了工学交替实践教学模式开展的质量。因此，对于学生综合素质的提升而言，双师结构教学团队的构建显现突出的价值。学校可聘请企业中有着丰富经验的高级技师作为兼职人员，将其多年的工作经验和丰富的专业知识传授给学生，有利于提高学生的专业知识水平，有利于解决实际操作中的各种问题。

3. 工学交替实践教学模式的实施提高了学生职业能力和综合素质

在校内学习阶段，学生只能学习基本的理论知识和专业知识，通过校内实训掌握基本的操作技能，但是对实际工作的了解甚为有限，也就没有办法树立起积极的工作态度，无法培养其优秀的职业能力。因此，高职院校要加强与企业的合作，让学生深入企业实习过程中，积累工作经验，树立积极的工作态度，培养强大的职业能力，从而增强进入企业、踏入社会的适应能力。

第三节　产教结合实践教学模式

一、产教结合的含义与特征

（一）产教结合的含义

产教结合是指基于对学校、企业及行业等诸多教育资源、环境的充分利用，让社会不同行业、企业积极参与以培养应用型人才为目标的教学模式，即密切联系产业、教育部门、实际生产经营、教育教学活动等诸多主体，形成一个有效衔接、良性互动的整体，利用学校、产业、行业在人才培养等方面的有利条件，有机结合课堂理论知识传授、实际经验能力直接获取的两种教育环境，促进学生的全面发展。

（二）产教结合的基本特征

1. 多主体的结合

即政府、行业、学校、企业等都积极参与的、有机的整体，其中政府发挥着调控的作用，学校与企业是具体运作的主体。应当更加突出学校与企业这两个运作主体的地位与作用，学校与企业共同参与教学管理工作，形成制度、组织、运行等相互融合，使企业、学校、社会三者之间能够彼此协作，实现协同发展。

2. 多要素之间动态结合

即理论知识学习过程与实践工作过程结合起来，充分结合人才培养方式及用人标准、企业具体需求与专业设置及课程体系的构建、岗位需求与技能培训，将实训基地建设同师资力量组建结合起来，密切联系学校发展空间的拓展及企业发展。

3. 职业教育的必然属性

职业教育、产业部门之间的联系是紧密、天然的，其根本目标是为经济社会发展培养更多的应用型人才，而应用型技能人才的培养需要与社会经济发展的实际相适应，产教结合的教学模式契合了职业教育与社会经济发展天然的、密切的内在联系的要求。

二、产教结合办学模式的作用

（一）产教结合能够有效地促进人才培养模式的创新

1. 校企合作可以确立以职业能力为中心的课程设计

职业教育的发展与社会经济具有十分密切的联系，因此，必须改变以学科为中心的课程设计，转变为以职业能力为中心的课程设计。通过在课堂教育中引入企业，可以及时地对职业技术、技能的发展变化进行反馈，促进职业教育及时对教学内容进行调整与更新，使课程更加实用、更加具有前瞻性。与经济社会发展具有紧密联系的职业教育可以根据市场的需要随时调整人才培养的方向，必然会进一步优化人才培养的模式。

2. 产教结合可以确立适应社会需求的人才培养质量标准

通过产教结合的办学模式可以及时了解社会需要具备哪种素质、拥有哪些知识、何种能力的人才，进而以此为基础设置专业课程、调整教材内容，建立以职业能力为中心的教学体系，提升人才培养的适用性。

3. 产教结合可以促进教学方式向"以学为主"转变

开展实践性教学是创新人才培养模式的重要内容，提高实践性教学在整个教学实践中的比重，使实践性教学贯穿于高职教育的整个过程，摆脱传统的以教师为主导的教学模式，逐步建立以学生为主的课堂模式，使学生的主观能动性得以有效发挥，不断增强其实践能力与创新能力。

（二）产教结合有利于降低职业教育的办学成本

对于职业教育来说，需要投入大量人力物力资源，特别是实训基地的建设更是需要耗费巨大的资金。如果单纯地依靠政府投资或者学校自主出资建设是不切实际的，因此，必须依靠企业等社会主体参与其中。高职院校与企业合作开展实训实习具有两个方面的优点。第一，合作办学能够有效减少全社会的办学支出，因为学校兴建的实训基地主要是为学生开展实训服务的，不具备营利性与生产的功能，也就无法及时对落后的机械设备进行更新，面对科技发展日新月异的环境，很多落后的设备无法满足学生的实训需求。通过利用企业的生产场所开展实训，一方面可以保障设备的先进性，使学生获得更加有效的实训机会，另一方面学生在参加实训的过程中作为劳动力为企业生产相应的产品，为企业创造效益，无形之中也就降低了企业为实训付出的成本。第二，与职业院校实训基地相比较，学生在真实的工作环境中开展实训，可以真实地感受到企业的工作环境与工作氛围，对于学生形成良好的工作态度、职业道德等具有重要作用，为学生今后走向工作岗位奠定坚实的基础。

（三）产教结合有利于实现学生就业与企业用人的有机结合

通过产教结合这一有效平台，利用工学结合的教学模式，学生在职业院校学习理论知识与基本技能，在企业参加专业的职业技能培训，参加企业的生产实践活动，进一步熟悉企业的生产环境与生产流程。以此为基础，企业与学生可以更好地进行双向选择，企业不用花费更多的成本用于招聘人才或者对新员工进行培训，极大地降低生产成本；学生则可以通过顶岗实习，熟悉并掌握企业技术应用的流程以及生产、管理需要注意的相关事项，积累大量的生产经验，为其今后走向真实的工作岗位奠定了坚实的基础，提升了其就业的竞争能力。

（四）产教结合有利于职业学校建设双师型师资队伍

最近几年，我国高职院校根据市场需求的变化，及时调整和优化专业结构，但是随之而来的问题是专业教师队伍的薄弱，导致专业教师队伍面临人才缺乏的窘境，在很大程度上制约了职业教育专业结构的调整。双师型教师是职业教育师资队伍建设的重点，通过从企业聘请那些长期在一线工作的工作人员作为兼职教师，可以有效缓解职业教育专业师资队伍结构与专业建设结构之间存在的矛盾。因此，通过拓宽职业教育双师型师资队伍的外延，将更多的企事业单位中具有高水平的专业技术人员纳入高职院校双师型队伍中来，能够极大地缓解专业教师队伍面临的结构性不足问题。

除此之外，高职院校的教师与企业工作人员组合而成的师资队伍，可以培养教师的双师型素质。一般情况下，职业院校的教师很少接触实践的机会，在掌握新技术方面比较滞后，通过聘请某一行业的一线工程师或者技师到学校开展教学活动，能够有效弥补职业院校教师存在的这一缺陷，有利于其将最先进的技术传授给学生。学校教师在与企业技术人员进行合作教学的过程中，通过某些场合的非正式交流，在不经意间可能会碰撞出某种新思想，这对于提升学校的教育质量、促进企业的创新发展具有十分重要的意义。

（五）产教结合可以全方位拓展办学途径

建立健全学校教育与职业培训共同发展，与其他教育相互沟通、协调发展的职业教育体系。职业教育不但是素质教育与岗位适应性教育相结合的学校教育，也包括更加具有针对性地适应就业与知识更新的社会培训。职前培训、就业培训、在职培训已经成为一个系统的职业教育体系，使职业教育向着过程化、终身化的方向发展，这就为职业教育拓展办学途径创造了更加宽广的平台。同时，职业教育所具有的特殊教育属性决定了其在服务社会经济发展方面所应具备的功能，这就要求职业学校不应当仅仅成为教学中心，还应当成为科研中心、成果孵化中心。所以，职业学校应当将产教结合作为结合点，按照企业生产过程中遇到的机遇或者难题，准确定位研究与教学的内容，不断推进产学研相结合，实现科技成果向现实生产力转变。如此，便可以有效提升职业院校服务企业与经济社会发展的能力和水平，同时又能够促进其自身的多元化发展。

第四节 模块化实践教学模式

一、理论内涵

高职院校模块化实践教学模式是在模块化分类思想下对实践教学过程中各类要素予以阐释后得到的实践教学范式，是一种与教学模式理论内涵相符的教学范

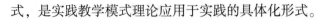

式，是实践教学模式理论应用于实践的具体化形式。

（一）模块化实践教学的主要特征

1. 综合性

模块化实践教学模式的主要目标是进一步培养和增强学生们的综合职业能力，实践教学本身在教学内容、形式等方面具有综合性，既要重视技能与职业能力的培养，也要注重劳动能力的培养；既要求学生具备良好的职业素养，又要求学生具备与社会发展相适应的思想观念、行为模式和社会交往能力。也就是要求学生，既能处理好工作中的事情，也能处理好人际关系。

2. 开放性

通过分析实践教学的目的与任务，可以发现，这一模式从本质上来说必须具备一定的开放性。实践教学必须向行业和社会开放，也因此决定了其内容的开放性。它必须时刻了解行业与社会需求，要将最先进的技术与工艺成果吸收到教学中，为学生进入企业从事实际工作打好基础。与此同时，实践教学在形式上也具有开放性，它的教学流程、教学地点、师资力量配备等都与行业或企业紧密相连。

3. 系统性

实践教学模式本身就是一个完整的系统，这一系统包含了目标体系、内容体系、管理体系与保障体系四个组成部分，其中每一组成部分又包含了多个构成要素，如此便形成了一个多层次、多样化的动态实践教学系统。在这一系统中，起核心与驱动作用的是目标体系，目标体系决定着其他三个方面的体系；内容体系解释了需要做什么以及如何做的问题；管理体系则可以对信息进行反馈与调控；保障体系能够及时化解影响正常教学活动的不利因素，确保教学活动顺利开展。除此之外，高职实践教学不应当仅仅局限于某一时间段，而应当体现在专业教学的整个过程中，这主要是因为实践技能的养成并非一朝一夕就能完成的，而必须在不断练习的基础上进行提升和巩固。因为伴随着专业教学的进程，各种训练连续不断、贯穿始终，各项训练之间相互联结、循序渐进、层层递进。实践教学模式是一个完整的、有机联系的系统，其各个要素必须科学配置、统筹兼顾，才能达到整体最优的效果，才能保障实践教学体系有效运转，为学生创造良好的学习与实践环境。

4. 双主体性

实践教学过程的本质是以培养技能、提高职业能力为基础。所谓实践教学的双主体性有两方面的含义。一是指实践教学的开展不仅以学校为主体，还注重行业、企业的参与。行业、企业不仅提供实训、实习场所，还参与专业建设、实践教学计划制订等，直接介入教学实施过程。比如，学生在生产现场的实习、实训，其指导老师往往是工厂的在职技术人员。二是指模块化，实践教学模式相较于其他实践教学模式而言，更注重发挥学生的主体作用，是一个以学生为主体的双边活动过程，因为学生主体的实践活动是学生职业素质形成和发展的必由之路，特别是模块化实践教学的分类较复杂，对学生综合性职业技能的要求更高，学生对专业知识的学习、职业技能的掌握和一些职业素养的养成必须以自己的亲身参与为前提条件，学生的参与程度也是评价实践教学效果的指标之一。

（二）模块化实践教学的理论价值

从理论角度来讲，模块化实践教学体系的贡献显而易见，对于实践具有一定的指导意义。首先，"模块化"实践教学模式的分类原则更符合认知流派技能型知识习得的掌握规律，是更加科学的技能分类，便于知识的掌握和熟练；其次，便于教学活动的开展和管理；再次，便于实践教学科学评价指标体系的建立，在模块化分类思想下的评价体系更符合实践教学特点；最后，便于学生综合职业能力的养成。

综上所述，高职教育实践教学是一种以培养学生综合职业能力为主要目标的教学方式，是高职教育的主体教学，它在高职教育教学过程中相对于理论教学独立存在但又与之相辅相成，主要通过有计划地组织学生通过实验、实习、实训等教学环节巩固和深化与专业培养目标相关的理论知识和专业知识，掌握从事本专业领域实际工作的基本能力、基本技能，培养解决实际问题的能力和创新能力。模块化实践教学思想下的各模块独特的教学过程决定了其教学要求和评价方式的独特性，也是本研究的逻辑起点。

二、高职院校模块化实践教学模式构建原则

马克思主义认为，实践是理解主观与客观、认识与对象统一性的基础，人的全部认识能力是随着实践的发展而发展的。实践是认识的来源，实践是认识的动力，实践是检验认识真理性的唯一标准。全部社会生活在本质上是实践的。人们为了从事实践活动，不仅必须反映出事物的本质和规律，还必须基于这种认识，能动地、创造性地塑造出符合主体需要的理想客体。任何社会实践，都必须在科学的理论指导下才能取得成功，科学的理论又有赖于实践经验的总结和探索。我们要认真学习、深刻领会马克思主义理论，根据《国家职业教育改革实施方案》总体部署，准确定位高等职业教育的发展方向和实训基地的构建原则。

完整的教育目标体系应包括认知、动作技能和情感三大领域，培养目标则是围绕实际岗位职业技能要求而制定具体要求。高职教育实践教学目标是围绕实际岗位职业技能而制定的具体要求，培养基本技能和专业技术技能，使学生具有从事某一行业的职业素质和能力，包括实践能力、职业素质、创业能力、资格证书等方面。具体而言，高职实践教学目标体系应包括以下内容。一是实践能力。培养以实践能力为主的高等技术应用型人才是高职教育的根本目的，实践教学体系则是实现这个最终目的的重要保障。学生的实践能力获得可通过单项能力、模块能力、综合能力和扩展能力的顺序分阶段逐步提高。二是职业素质。对学生职业体系提出了更高的要求，社会信息化、经济全球化、学习社会化对高职教育人才素质实践教学体系不是单纯以培养实践技能、职业素质为目标。三是注重学生职业道德、奉献精神、团队精神等方面的培养。四是创业能力。学生学习的根本目的就是满足谋生本领的需要，也就是满足学生创业的需求。通过创业教育可以锻炼学生的择业能力和生存能力，这是高职院校推动就业的必然选择。五是资格证书。学生获得职业资格证书，是对学生职业能力的综合检验，也是学生顺利就业的基本保证。持证上岗是规范劳动力市场的有效手段。实践教学体系的能力训练要和职业资格证书的考核要求结合起来，高职院校学生毕业必须获得毕业证书和资格证书，同时还可以根据自己的兴趣获得计算机、英语等级证书等，这就可以大大拓宽学生的就业渠道。

三、模块化标准下实践教学分类

按教学目的来划分，笔者将高职教育实践教学分为三大模块。一是基础模块。主要培养学生发现、分析、解决问题的能力，严谨的科学态度以及基本操作技能。二是提高模块。主要包括基本职业技能训练、项目设计等环节；以探索性、设计性课程为主，以吸引、激发学生的求知欲，培养学生综合把握和运用学科知识的能力为主要目标。三是综合模块。通过综合性的实训环境，进一步熟练掌握专业技能，提高处理问题的综合技巧，如网络管理技能实训课程等，突出学生创新性、探索性能力的培养，提高学生综合运用专业知识、专业技能的能力。主要以社会实践、毕业设计（论文）为主，突出学生创造性、探索性能力的培养。这样，普通意义上的实验、实训等实践教学课程按照一定的标准被分类，具体内容如下。

（一）基础模块

高等职业教育范围所定义的基础模块中涉及的实践方面的课程，主要包括辅助学生完成项目设计以及提升其基础专业技能等方面。在进行基本技能方面的学习与练习时，其有关内容并不完全相同，通常在不同的专业间存在着一定的差异，但大体来说都是思维方面的训练以及实验能力和技巧的培训。通常其进行教学的地点都是在校内的相关实验室中，由专业教师指导进行，按照标准要求，使用相关的仪器设备对实验的现象进行观察和分析，从而获得相关方面的知识，达到理论与实践相互配合。实验对于学生来说是获取经验的重要手段，同时也是学生对所学理论进行实践与检验的重要方式，高职院校在进行基础和专业方面的授课时常采用实验教学的方法。使用这种教学方式不仅能够使所学理论得到验证，使学生发现和解决问题的能力得到提升，还能培养学生细心、耐心的性格特点，使其养成科学严谨认真的态度。实验课程通常有以下几种类别：一是示范性实验课。顾名思义，即教师进行规范操作，学生旁观而不参与实验过程的课程。该种类型的实验课一般在学习相关理论知识时辅助进行，使课堂所要教授的内容更为直观，达到更好的课堂效果，通过规范的操作演示使学生加深规范操作的印象以及实验过程中所需要重点注意的问题等。二是操作性实验课程，该课程的操作主体为学生，旨在通过训练使得学生能够更加熟悉操作过程，并掌握相关的操作重点，同时，使学生在操作过程中培养自己发现和解决问题的能力。三是综合性实验课程。此类课程通常会进行多学科的综合运用，课堂上也会涉及多设备的操作训练，比如进行相对高端的设备的性能测试等，其涉及领域相对较广，知识水平要求相对较高，要求具有很强的综合素质。

（二）提高模块

提高模块是整个教学过程的重要环节，在这一模块的实践课程中主要是操作性课程模式。这一模块的教学所要达到的主要目的是通过反复的训练使某项技能被很好地掌握，通常包含岗位实践以及应用能力实践等，通过训练，使学生的实践能力得以强化，掌握必备的技能，同时也达到培养其职业素养方面的目的。

1. 设计性实践课程

此类实验方式具体来说就是由教师进行相关实验要求的阐述及明确工作，然后学生依据这些要求以及实验本身要达成的目的自行设计方案，进行详细的实验步骤规划，并由其自身独立完成，最终形成报告。此类实验对于学生的要求较高，因此时常应用于高年级教学中，对于已经进行过上述实验教学的学习并具备上述实验能力的学生，是一个非常重要的提升环节。

2. 项目设计

具体来说，就是在教师的引导下，参与此项设计课程的学生通过相关几门知识的综合，解决一项具备一定综合性质的问题，其项目的完成程度通常以成果作为具体的衡量标准，比如产品是相关设计成果等。此项课程的安排通常在某一方面的专业课程即将或已经结束的时候。其具体任务依据课程目的不同而有所差异，但通常都包含相关设计、文件编制、方案论证以及成果输出等环节。换句话说，项目设计就是要求设计者通过综合运用所学知识与技能，自发地且具有一定创造性地完成相关方面的某项任务。在这一课程的进行中，学生能得到以下收获：一是通过所学理论的指引以及相关知识技能的综合运用等，进行实物设计和产出的能力；二是对相关文献以及其他参考资料上面有助于项目本身的知识进行总结和提炼的能力；三是通过文字以及图表等方式明确表达观点内容并进行论证说明的能力。由此可见，项目设计属于一种对于知识的综合运用考察。在进行相关项目设计时，很重要的环节便是选题，这一环节在一定程度上决定着项目本身的实效性情况。在进行选题时，通常应该遵循综合性以及实用性的原则。此外，还可以在条件允许的情况下，选择较为真实的课题，以此来提升该项目的实用性。为了达到这一要求，在进行课题选择时，通常会在工厂进行初步筛选，以确保其具有实用性。

为了确保项目设计可以顺利地进行，相关指导教师应当在发放项目的时候将相关设计任务书也一起发放下去，并且根据学生自身的条件以及相关水平适当地将设计任务进行分配。

一般情况下，一个班级的题只有几个，但是可以将项目参数进行适当的修改，使几个项目变为几组项目，这样可以最大限度地给每个学生分配到不同的任务，以此避免学生之间相互抄袭的现象。教师应该提前将设计任务书发到学生手里，以便学生提前做好相关资料收集方面的准备。在任务开始时，教师应该发挥出自己的主导作用，启发、引导和鼓励学生积极地表达自己的观点与想法，让学生准备好属于自己的相关任务的设计方案。在设计进行的阶段，教师的主要作用是适当地进行纠错性的指导，但绝不能帮助学生一手操作设计方案，应该注意培养与保护学生自主创造的积极性。当任务设计步入后期的时候，教师应该全面检查学生的设计，并在检查后对学生编写的相关项目设计说明书以及答辩方面起到相关指导作用。

项目设计是将相关知识技术以及技能进行综合应用，并解决实际问题的具有深远意义的教学活动，在实训教学的步骤里是一个较为关键的环节。

（1）毕业设计

毕业设计是教学综合模块中最为主要的一个部分，要求学生综合地运用专业所学的知识和技能，融合自己的思考后做出的可以解决实际问题的设计。毕业设计是一种实践教学形式，毕业设计属于技术类的专业，是毕业生独立完成的作业，是对学生综合成绩的检查，具有独立性、探索性等特点。从教学形式的角度看，毕业设计与项目设计具有一定的相似性，但是毕业设计是对学生所学知识的综合运用，根据学生专业培养的目标而规定的相关业务要求，从而对学生进行综合的、全面的、系统的训练。因此，毕业设计的要求相对项目设计来说更高一些，毕业设计更重视运用理论知识去分析、解决技术问题，从而将设计方案建立在更加科学的基础之上。毕业设计更具实用性，所选择的课题通常是企业生产中出现的实际问题，其周期也相对较长，通常都在两个月以上。因此，对于毕业设计的有关组织一定要足够严谨。毕业设计是对学生综合能力、职业素养的综合考验，在毕业设计的过程中，教师应当让学生的独立性充分地发挥出来，注重对学生因材施教，积极鼓励学生的自主创新。

（2）实习过程

对于高职院校的学生来说，实习主要是指将他们学到的理论知识进行演练，为以后的工作奠定基础。实习不仅是指毕业后在校外进行的实习，平时的教学中也应该注重实习，高校也应该增加学生的实习机会。实习在高职教育实践教学中占有一席之地，重点涵盖教学以及毕业等实习。教学实习一般是高校提供的校园实习场所，有专业的教师指导学生开展实习，鼓励学生将学习到的理论知识和技术知识运用到实践中，让学生在实践中发现问题、独立解决问题，从而让所学到的知识更有价值，同样让学到的技术知识化为自己的真实本领，能更好地走向社会，实现自身价值。实习主要有以下几种方式：一是进入实地参观实习。通常是在刚开始实习的时候，教师会根据专业不同安排相应的企业或单位，带领学生进入实地去参观。二是根据具体专业开展教学实习，通常依据具体专业课，在学生开始学习职业技能的时候开展教学实习。三是专业工种教学实习。有些实践性强、对技能水平要求高的专业应该在生产一线开展实习，实习结束后还要进行相应的考核，合格后颁发技术合格证书。四是进行工种轮换教学实习，对于那些实用性强的工种要增加操作机会，让学生全面了解实际设备。五是开展综合性教学实习。一般情况下，该实习需要具备一定的生产条件，学生需要具备实际操作的能力，比如要会安装设备，还要会调试和维修等。

教学实习所要达到的目标有以下四个方面：一是培养学生对于本专业特定技能的熟练运用，不仅要求准确无误地操作某个程序，还应对其相关的设备有所了解，能凭借所提供的零件图自主地完成作业，对本专业相关的其他工种可浅尝辄止，但对其基本的流程要有所认识。二是帮助学生打牢基础知识的地基，只有具备扎实的基础知识，才能为学生学习专业知识提供较好的基础。三是训练学生的专业意识，严格执行生产计划，文明生产，按时完成任务等。四是提升学生的个人素质和思想品德，热爱自己的职业，并学会与他人合作。也就是说，基础知识以及基本技能的掌握才是教学实习的关键，对于完成生产任务的这一指标不做过多的要求。

完成教学实习后，接下来就是生产实习，生产实习要求学生掌握牢固的基础知识。因为在生产实习中所要完成的任务大多是综合性的，要求能灵活地运用专业知识。高职院校通过顶岗实习和轮岗实习两种生产实习方式来达到教育目标。

教学实习和生产实习虽然都是实践教学的形式，但是两者存在着明显的差别，主要表现在以下五个方面：一是学生在这两种教学形式中扮演的角色不同。在教学实习中，学生相当于幕后工作者，而在生产实习中，学生是台前的演员。二是两者的实习目标相去甚远。教学实习的要求相对较低，只要求学生能独立地掌握某一项基本技能，而生产实习则要求在教学实习的基础上更进一步，学生要把个别的技能综合运用到实践中，发挥这一技能的整体性。三是两者对于实践过程掌握的要求不同。教学实习不突出过程的重要性，而生产实习则要求要熟练地掌握过程，事无巨细。四是两者对场地的选择不同。教学实习对场地没有明确的要求，而生产实习必须要在指定的场所，即生产现场进行作业。五是两者要实现的目标不同。教学实习只要求学生夯实基础知识，生产实习则提高了难度，学生必须能综合运用所学知识，并在实践过程中完成角色的转换，成为一名真正意义上的劳动者。

不同于以上两种实践形式的实习，毕业实习针对的是即将毕业的学生，通过这种形式，可以切实地反映学生对于各类知识的掌握情况。毕业实习要求学生在完成全部的课程学习后，主动参与到企业工作中，把所学的专业知识运用到工作中，并从中获得自己的理解和感悟。毕业实习一般都是与毕业设计（或毕业论文）挂钩，可以说是毕业设计（或毕业论文）的前期准备。具体就是指学生在实习的过程中获得与之相关的信息材料，为毕业设计或论文的撰写收集资料。

第五节　案例实践教学模式

一、案例教学法概述

通过对相关的文献进行查阅和研究发现，案例这一要素在案例教学过程中发挥着重要作用，它是案例教学的核心要素，应该引起高度重视。如果没有实际的案例放在教学当中，就称不上是案例教学。在不同的学科，案例这个词有着不同的含义，学者对于案例这个词也有着自己独立的见解，主要有以下几种说法。一是特定情景说，认为案例是对一定的情景进行的描述。二是事务记录说，认为案例就是对商务的一种详细记录。案例，一个企业管理者结合自身企业所遇到的问题，依靠正确决策解决问题，并在教学中向学生展示这些案例，这些案例本身是十分具体客观的，可以引起学生的思考，然后想出对应的办法。三是故事说，认为案例这个词涵盖了各种各样的因素，是以故事的形式展现出来的。

通过以上内容的描述，我们可以发现这些学者的共同观点是，案例是对于实际情况的一种描述，是客观存在的，而不是凭空捏造而来的。笔者认为，案例是指为了完成一定的教学任务，围绕一个中心主题，把社会中那些真实存在的实例或者是素材方面进行一定的整理最终概括为对于一种情景的描述。案例教学法是指教师根据教学目标的需要，以案例为中心对学生进行讲解和让学生研讨，带动学生从实际案例中学习、理解及操作实验，达到将知识和实际情况结合起来的效果。案例教学法通过选择、设计等目的，描述企业急需决策或解决的案例，然后搬到课堂上进行共享，让学生进行研究，可以发表自己的意见。案例教学法以真实事件为基础所撰写的案例而进行课堂教学，在这一过程中，学生以小组的形式，进行互动合作交流，阐述自己的意见，最后进行客观的总结。这是一种启发性的教学模式，可以锻炼学生的思维和探究问题的能力。案例教学法通过一组案例，由于这些案例都是真实存在的，所以就会给学生一种形象化的感受，学生也可以在探究之后，依托自己的思维和掌握的知识，做出最后相应的决策，培养学生解决问题的能力。

二、案例教学法的特点

（一）学生成为教学过程中的主角

案例教学方法很好地体现了以学生为中心的教育目标、教育理念。教师根据实际情况，为学生选择合适的教学案例。教师在讲解案例时，要引导学生参与其中。学生要配合教师完成教学任务，认真分析、思考，查找文献资料，并发表自己的见解。案例教学，最好是组织学生分成小组进行辩论，教师进行适当的引导。在讨论中发生分歧时，教师要引导学生学会辩证地看待问题，学会全面地思考问题，同时还要接纳别人的批评，在此基础上完善自己的观点。在充分地讨论之后，教师要引导学生对案例进行整体的分析、评价。总之，案例教学要以学生为中心，在教师引导下，使学生养成独立思考的习惯，通过分析和评价案例，提高学生分析问题的能力。

（二）以丰富的教学案例提高学生的学习兴趣

在学生上课时，教学案例可以提高学生对于学习的兴趣。案例教学是利用学生身边所发生的或者是经常耳闻的实际事件来进行教学，这种教学方法融入了真实的生活环境，既教会学生理论知识，又让学生融入现实，大大提高了课堂教学的生动性、活泼性，不仅增加了学生的学习兴趣，还加强了学生对于课文内容的理解与记忆。

（三）布置任务，创造场景，调动学生的学习积极性

模仿案例教学中的相对应场景，这样做能够帮助学生更好地融入课堂，使学生能够换位思考，从实际发生的角度来思考问题。案例教学，让学生自己来体验案例中的真实角色，把自己融入场景中去，根据案例的实际情境和自己内心真实的想法，设身处地地来思考问题。这种方法开拓了学生的思维，打开了学生的思路，提高了学生运用知识来解决实际问题的能力。

（四）分组讨论，主动参与，提高学生基本技能

正确答案不仅仅是分析完案例之后的结果，最重要的是要寻找当时分析案例的过程和自己的思维路线，每一个案例所设置的问题都要让学生自己思考、分析和解答。这需要学生深入地融入案例，需要学生课前多多预习案例内容，查阅资料，对案例有一个清晰的认识。案例教学可以把其中必要的条件去掉，让学生进行情景假设。总之，案例教学可以培养学生思考问题的习惯，积极探讨解决问题的办法，从而提高学生思考问题、分析问题和解决问题的能力。

机电类专业数学课程整合

第一节　机电专业数学教育现状

在高职教育中，数学是一门重要的基础课。它不仅关系到学生专业课程的学习，还对培养学生的逻辑思维能力以及分析、解决问题的能力具有重要的作用。高职教育的培养目标决定了在数学教学中，应当注重培养学生的应用能力。但是，我国传统教学方式只重视理论与运算技巧的培养，而忽视了利用教学过程对学生应用能力的培养。下面针对目前高职数学教学中存在的问题，结合高职机电专业需求来谈谈高职学生数学应用能力的培养。

一、高职学生数学应用能力培养方面存在的问题

（一）教材原因

现有的教材基本按学科知识体系展开，偏重系统性和完整性，强调结构的严谨。教材不但内容枯燥，而且缺少实际案例。有些例题的选用，纯粹是为定理服务，不具备实际意义。即使有一些内容涉及专业实际问题，也因数学学习与专业课学习不同步，而使学生感到陌生、遥远，不能很好地调动学生主动学习的积极性，影响了数学教学效果。

（二）教师原因

多数教师只重视知识传授，过分强调数学的逻辑性、严谨性、系统性和理论

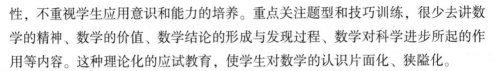

性，不重视学生应用意识和能力的培养。重点关注题型和技巧训练，很少去讲数学的精神、数学的价值、数学结论的形成与发现过程、数学对科学进步所起的作用等内容。这种理论化的应试教育，使学生对数学的认识片面化、狭隘化。

（三）学生原因

高职院校学生普遍的心态是自卑心重，自信心差，自控能力不足，同时对知识的接受能力和理解能力较弱，学习基础普遍较差。因此，学生应用数学知识解决实际问题的自觉性和能力不足。

二、培养高职学生数学应用能力的途径和方法

（一）优化教学内容，突出知识的应用性

在概念教学上，一方面要讲清数学概念的内涵，即它们的数学内容和意义，使学生能够深刻地了解数学概念产生的背景、发展过程；另一方面要强调数学概念的应用，即它们的适用条件和范围，使学生明确数学与其他学科的联系，并正确地理解它的应用价值所在。例如：学习定积分时，由学生熟悉的矩形面积、梯形面积引出问题，这个问题会激发学生强烈的好奇心。教师可引导学生积极讨论，最终通过分割、求近似、求和、取极限的过程，实现问题的解决。然后再提出如何求变速直线运动的路程问题，它的解决方法和求曲边梯形面积类似，最终引出定积分的概念。这样学生自然体会到数学的应用价值。

在应用性教学方面，必须重视传授数学思想和解题方法，把培养学生解决实际问题的能力作为教学内容的重点。密切联系专业，采用机电专业知识，讲解应用实例，努力实现数学知识模块与工程技术案例的融合，缩短数学课与专业知识间的距离。例如，导数应用部分的学习可以选择电流变化率、最大功率、材料最省等，让学生体会到数学的广泛应用性。

在教学深度方面，由于专业课对数学运算的要求不高，教学内容力求深入浅出，更加注重培养学生的逻辑思维能力以及分析问题、解决问题的能力。对于数学上的定理和结论尽量用直观方法引出，减少对计算题的技巧要求，以学生掌握基本的计算方法为度。可把现代计算工具——计算机运用到数学中来，介绍功能强大的数学软件知识的实际运用，把复杂的计算问题运用计算机快速实现。

（二）在教学方法上，适时创设应用情境

要提高高职学生的数学应用能力，在课堂教学中，应注重多种教法的整合，把培养学生解决实际问题的能力作为教学内容的主线。在教学过程中采取情境化策略不失为一种有效的教学策略。在分析学生的专业课设置需要、岗位生产需要

的基础上，有目的地把数学知识与应用情境相结合，激发高职学生学习的求知欲望。使学生在加深对数学应用性了解的基础上加深对数学的认识，纠正"学数学无用"的观点，增强他们的学习兴趣。

（三）在教学手段上，以数学实验、数学建模辅助教学

1. 加强数学实验课的教学

学数学主要是为了用来解决工作中的具体问题，这就决定了使用数学工具的重要性。计算机及其应用软件是解决实际问题的重要工具。通过数学实验，可以提高学生学习数学的积极性，提高学生对数学的应用意识，并培养学生用所学的数学知识和计算机技术去认识问题和解决问题的能力。在机电专业的数学实验课中，通过引入数学软件，帮助学生在摆脱繁重的数学运算的同时，促进数学与机电专业之间的结合，使学生有时间去做更多的创造性工作，增强了学生数学学习兴趣和学习信心。

2. 重视数学建模能力的训练

建立数学模型可以有效地提高学生的数学应用能力。教师可以选择学生感兴趣的实际问题作为数学建模的对象进行教学示范，并且介绍建模的思想方法。引导学生进行课堂上的自由讨论，从看似杂乱无章的现象中，大胆猜测，开拓思维，合理定义。提出对问题的相应理解和所建立的数学模型的基本认识，并提出新的数学模型，对其求解、分析、讨论，进行比较检验。再利用计算机等数学工具把模型解出来。通过数学建模的教学，一方面能够提高学生的学习兴趣，另一方面能够真正实现提高素质和培养能力的教学目的。

（四）把应用能力纳入考核范围

传统的数学课是以期末考试分数作为衡量学生数学成绩的唯一标准，试卷的内容基本全是纯粹的计算题。即使是数学成绩好的学生，也常常是高分低能。为提高高职学生的数学应用能力，对于某些应用性内容可以在考试方式上进行单独的考核。可将学生的总评成绩分成三部分：一是平时成绩，包括平时作业、学习态度、上课发言、数学实验成绩等；二是开放式考核成绩，以探究性作业的形式进行，学生可以根据需要查找相关材料，也可以借助计算机技术对计算结果进行分析，以论文的形式上交评分；三是闭卷考试成绩，以考核学生基本概念、基本计算能力为主，按传统的考试方式进行。这种考核方式能够全面、客观地考查学生对所学知识的理解、掌握程度，有效地缓解学习压力，提升日常教学效果。

总之，重视高职院校学生数学应用能力的培养，是社会发展和学生自身发展的要求，也是现代高职数学教育发展的趋势。在高职数学的教学工作中，根据专业的需要，合理安排数学课程的结构和内容，让学生掌握与专业需求相适应的数

学基础知识；从数学应用的角度把抽象的、烦琐的数学理论直观化、简单化，能够运用数学软件来完成数学运算；在教学方法上要大胆创新，"教无定法，贵在得法"；通过多元化的考核内容及方式保证培养目标的实现；在研究学生能力培养的策略上，积极创新，从根本上实现学生数学应用能力的培养。

第二节　机电专业数学课程整合的探索与实践

一、机电专业数学课程的整合重构方案

目前，高职教育甚至义务教育中，大部分学生都是在形式化地使用数学工具，背公式，套公式，套解题模式。为了提高高职学生数学应用能力，不少研究者进行了探索和研究。

（一）国外"模块化"

"模块化"是国外职业院校比较具有代表性的整合课程教材的做法。其特点是把数学课程分解成一个个单元，根据专业或者职业的需求，把每个单元组合成一个个模块，使不同专业或者职业的学生学习不同的模块。

"模块化"虽然在一定程度上满足了专业对数学的选择性要求，增强了数学课程的灵活性，也能激发学生的学习兴趣。但也存在着一些缺点：①国外"模块化"是依据专业和职业进行重新编排组合，没有与专业进行融合，只是不同的专业和职业学习的数学模块不同；②国内引进的"模块化"着力点还是针对"压缩型"课程进行改良，与国内"压缩型"教材并没有本质的区别，忽略了数学的应用性，数学知识依旧是去情景化、是枯燥的。我们需要跳出固有的数学课程框架，打破学科边界，跨学科地进行"类别化"的课程建设。

（二）国内"积木式"

国内在多年的数学教学实验中，形成了一种"积木式"的做法。其特点是引入专业案例，通过粗略讲解案例用数学方法解答，然后再展开数学知识体系。这种模式是以"专业案例+数学知识"的一种知识拼接。

"积木式"虽然在一定程度上加强了专业知识与数学的联系，让学生意识到了数学知识与专业相关，但同时也存在一些缺点。①"积木式"只是让学生在意识层面了解到与专业相关。但是专业问题与数学知识是如何融合的学生并不清

楚，学生在专业学习时还是套公式、背模版去解决问题，甚至还有学生不知道在专业中如何运用。② "专业案例+数学知识" 的模式是在拼接内容，数学内容与专业知识是割裂的。③ "积木式" 只是纯粹地从案例中抽取数学知识，没有分析案例的来龙去脉，没有从根本上衔接数学与专业性问题的过渡，数学还是数学，机电专业知识还是机电专业知识。

（三）改 "模块化" "积木式" 为 "融合式"

针对目前高职机电专业数学课程体系不合理，本书尝试吸收国外 "模块化" 和国内原有 "积木式" 为 "融合式"，整合重构高职机电专业数学课程，构建以 "专业问题驱动+物理知识背景+相关数学知识体系+机电专业场景应用" 为数学课程体系，以专业问题驱动为导向，有机融合专业知识与数学知识。从案例驱动中寻找问题的来龙去脉，让学生明白案例是如何抽象、提炼得出专业模型，公式上是如何获得的，讲清专业背景知识，有机融合专业知识与数学，让学生带着问题学习，强化学生的问题意识、应用能力，让学生真正感受到数学如何来源于实际，又是如何解决实际专业问题以及数学的重要性，让学生不仅知其然，而且知其所以然。结合国内外的优点与不足，以及分析现行机电专业数学教育现状，本书提出改 "模块化" "积木式" 为 "阶梯双轨式融合模型"。

"阶梯双轨式融合模型" 是本书研究整合数学教材的思路与理论，是两条轨道：一条通过专业实际问题，穿插教学背景知识，总结出数学模型，再提炼出数学模型；另一条再根据数学模型所对应的知识点构建相关的数学知识体系，最后回归到实际问题中解释与求解。这是两条轨道，一种阶梯，称为 "阶梯双轨式融合模型"，简称 "融合式"。

"融合式" 的整合特点是通过寻找实际问题的来龙去脉，架构起机电专业与数学之间的桥梁，对专业知识与数学知识进行有机的融合。

第一，让学生带着问题去学习。通过专业背景的回顾建立数学模型，然后抽象、提炼数学模型，最后通过学习数学知识体系再去解决和回答问题。

第二，激发学生的学习兴趣，培养学生的分析问题、解决问题的能力。让学生在这个过程中体会数学与机电专业知识是如何融合的，体会从发现问题、分析问题到最后成功解决问题的成就感与成功感。

第三，进一步加强数学与机电专业知识的融合，在 "融合式" 整合模式的配套练习中，引入数学在机电专业的场景应用，让学生学完相关知识体系后再回到实际的专业问题中，让学生进一步体会数学与专业知识的密切关联，注重学生应用能力的培养。

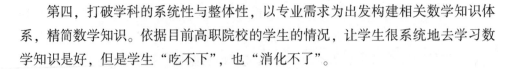

第四，打破学科的系统性与整体性，以专业需求为出发构建相关数学知识体系，精简数学知识。依据目前高职院校的学生的情况，让学生很系统地去学习数学知识是好，但是学生"吃不下"，也"消化不了"。

二、机电专业数学课程整合重构方案的可行性与科学性

数学课程与高职机电专业具有内在关联性，机电专业需要大量的数学知识。此外，高职数学课程中纯粹讲数学知识是比较枯燥，也调动不起学生的学习兴趣的。因此，高职数学应针对不同的专业，选取相应的数学内容与专业实例。单纯的"积木式"编排数学内容虽有一定的成效，但还是没有从根本上解决问题。因此，尝试以问题驱动为导向，把机电专业知识嵌入数学知识中，把数学知识与专业知识有机融合。

此外，单纯的在教材中体现数学知识与专业知识有关联已经不能满足学生需求了，数学知识与机电专业知识是需要有机融合而不是生搬硬套。能激发学生的不单只是因为数学与其专业相关联，更重要的是让学生弄清楚、学明白数学是如何在专业中应用的。因此，通过专业问题驱动，挖掘问题本质，讲清楚专业问题的背景知识，再抽离机电专业知识提炼成数学模型。这样做不仅能激发学生的学习兴趣，同时也能避免数学课程滞后专业课程进度的问题，让学生深刻地体会到数学是如何体现其工具性、专业性的。

数学内容枯燥、抽象难懂，虽然高职学生数学基础差，但实操能力强，因此，本书结合高职学生特点及专业知识，讲清专业知识，带着学生跳出专业知识提炼数学模型，让学生清楚专业背景的同时又回归数学知识体系，再运用数学知识作为工具解决专业问题。

因此，"模块化"教学是通过专业不同而选择不同的数学知识进行学习的，同样也是遵循"以必需，够用为目的"来增减教材内容。此外，由于国外的职业教育大多不存在压缩课时的问题，其课程编排的灵活性也比较强，也就意味着不会出现数学课程设置滞后于专业课程。因此，对引入的专业案例学生非常清楚和了解，可直接跳出专业问题回归数学知识。

有机地融合专业知识与数学整合重构机电专业的数学课程是提高高职学生数学应用能力的重要途径，学生不再是背公式、套模版地应付期末考试学习数学知识，而是带着问题去学习。教师通过讲清问题背景知识，让学生带着问题去学习数学知识，然后再回归专业问题的应用，注重数学思想方法的迁移，数学的学习不再是套用模板和背公式。

机电类专业课程内容设置

第一节 机电专业课程设置存在的问题及改进思路

高职院校机电专业的培养目标是使学生具备电工安装与维修的操作技能，具备电气安全操作的基础知识和电机电路控制，熟悉照明电路、测量电路等各种电路的设备和线路的安装；需要具备机电技术基本知识，并具备实际工作的操作技能，从事钳工、车工、数控车铣工、电气维修工、仪表使用与维护人员，能够从事生产一线设备维护及机电设备的运行、调试、维修，使学生成为高素质的劳动者和熟练的应用型人才。

一、机电专业课程设置存在的问题

根据访谈调查得知，高职院校机电专业现有的课程设置是依据传统的教学理念，由专业主任带领其他老师并参考兄弟学校而设置的三段式课程模式。三段式课程由文化课、专业基础课和专业课组成，它不是针对职业进行设置的课程，而是根据专业而设置的课程，机电专业对应的课程不能体现职业的特点，学生无法胜任对应的职业岗位。主要问题如下。

（一）机电专业培养目标有待完善

高职院校机电专业培养目标是培养能适应社会经济发展需要的应用型人才，学校培养出来的人才要与市场需求相适应。

机电行业企业生产操作部门的技师、工人普遍认为，机电行业的就业岗位多，机电专业毕业生的需求量高，工作岗位较容易安排。由于企业的规模、生产加工设备不同，在操作使用上也有极大的差别。小型企业的生产设备及加工手段较为落后，技术力量较为缺乏，既懂机又懂电的机电专业的毕业生很受欢迎。他们经过较短时间的培训和实操，就能胜任操作工及技术员的工作。大中型企业由于生产设备先进、加工手段较高、自动化程度较高、人才较为密集，学生的就业率就较低。因此，机电专业的培养目标还要能适应目前劳动力市场的状况。

要加强学生实践技能课程的学习，使学生具有在一岗位群内可转换岗位的职业能力，即让学生具有知识内容化、知识迁移和继续学习的能力。另外，访谈结果表明，98%的企业都要求学生具有职业综合能力。职业综合能力是指专业能力、方法能力以及社会能力。由于需要满足行业对人才职业综合能力的需求，学校要努力提高学生的全面素质，以加强学生综合职业能力为核心。因此，要努力构建"宽基础，活模块"的课程体系。

（二）机电专业课程内容与职业标准不能完全对接

根据对企业的调研了解到，高职院校机电专业课程内容与职业标准是不能完全对接的。通用零部件装配制造人员这一类中，装配钳工是其中一小类，对于学生来说，仅这一小类工种就需要学习很多知识。但是有的学校却开设了钳工这一大类的课程，钳工包括模具钳工、机修钳工、装配钳工等多种，而不是装配钳工这一小类，给老师的教学带来相当大的难度。按照培养目标，哪种都得学，但是不仅课时不够，还会造成哪种学了都是皮毛，甚至哪种都记不住，哪种都不会。若是只学习其中的一种，显然既不符合课程培养目标，又不符合课程内容设置。况且职业标准中根本没有钳工这一工种，显然不能与职业标准进行对接。因此，需要构建"宽基础，活模块"的课程体系。只有运用好"宽基础，活模块"课程体系，才能有效对接职业标准，并做好课程内容设置。

不论我国职业教育课程体系以什么形式出现，建立在职业分析基础上的"宽基础，活模块"的课程体系都将成为课程体系中的依据，职业分析必将成为课程建设的重要手段。

（三）机电专业文化课程设置与实践联系不够紧密

对高职院校机电专业毕业生进行访谈的调查表明，58%的毕业生认为语文知识的学习还不够。因为在自我推销和应聘求职的过程中，良好的语文能力是成功的关键，是一个人综合素质的体现。学生的语言表达能力、文字表达能力、公关社交能力、自学能力以及组织管理能力等都与语文能力密切相关。

调查表明，高职院校学生认为需要提高自己的英语水平，原因有二：一是在日常工作中，需要看懂英文技术文件或说明书来完成本职工作；二是在外资企业工作，有时需要与外方人员进行沟通交流。许多毕业生认为要加强培养社交能力，认为良好的社交能力是企业对人才素质的基本要求，是员工形成团队精神与和谐的企业氛围的基础，也是事业成功的重要条件。

许多毕业生认为应增加市场营销、相关企业管理、公共关系等课程的学习，以满足管理岗位、市场营销岗位的职责要求。

大多数毕业生认为要培养实践动手能力以适应工作岗位的需要，在校期间就要扎实地学习某职业岗位的操作技能，使其走出校门就能胜任某岗位工作。机电专业具有宽口径的特点，学生从事岗位工作更需要专业综合能力，因此，要增强分析和解决问题能力。

（四）机电专业课程设置缺少职业分析

高职院校的课程建设，首先应进行劳动力市场供求分析、职业分析，其次应重视对学生需求进行分析。学生需求分析包括生源需求分析和在校生需求分析。与其他分析相同，这些分析是高职院校课程建设及其完善的重要依据。按照职业标准，机电专业分为四个职业岗位，针对这四个岗位设置课程，学生学习具有针对性，从而实现职业岗位的需求。因此，要努力做到以下两点。

第一，根据国家职业标准，针对数控车工、电工、车工、装配钳工四个职业岗位的不同需要，进行职业板块的课程设置。其中包括新增加的课程和删减的课程。例如，在车工职业课程设置中，应新增加机械设计这门课程，通过学习机械运动的基本规律，杆件强度、刚度和稳定性，机械机器零件和常用机构构件等内容，使学生对分析设计机械零部件，了解、选用简单传动装置及维护传动装置有所掌握，为从事车工这一职业岗位积累知识，从而可以更好地胜任此岗位。

第二，通过详细的职业分析，形成应掌握的知识、技能、素质。在素质方面全面加强道德素质和职业道德素养。良好的素质包括身心素质、科学文化素质、思想品德素质、专业技术技能素质等。素质教育要体现在教育的各个环节，努力建成"传授知识、培养能力和提高素质"三位一体的人才培养模式，形成知识学习和道德学习的有机结合，素质教育活动与专业教育活动相互融合、渗透的良好氛围。

只有对每一个职业对应的知识、技能、情感目标进行职业分析，形成每一个职业对应的知识、技能、情感目标。每一个职业对应一个模块，针对每一职业模块，按照职业岗位分析，将知识、能力、素质分别提炼成模块课程，包括专业类

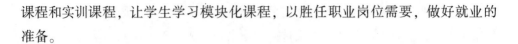

课程和实训课程，让学生学习模块化课程，以胜任职业岗位需要，做好就业的准备。

二、机电专业课程存在问题的原因

（一）缺少对职业标准的分析

目前，我国工业化已经进入一个新的阶段，现代制造业的发展迫切需要大量的应用型技术人才。因此，高职院校机电专业就以服务院校周边地区经济发展为目的，以当地机电制造业所需专业人才的培养为目标，重点突出专业特色，加强制造业实践教学，对机电专业的培养目标和专业方向进行调整和改进，以便增强学生的实践能力。

随着现代制造业的发展，产业结构也在发生变化，主要是由低端的产业向高端的产业迈进，社会分工更加细化。因此，高职院校要适应社会经济发展需要，积极改进培养模式，使培养的人才更加贴近社会的需要和用人单位的需要。对于机电专业来说，必须依据国家标准，对应四个岗位，针对每一个岗位合理设置课程，其内容要与职业标准相衔接，成为对接紧密、动态整合的职业教育课程系统。

（二）缺少对工作岗位的作业分析

高职院校机电专业对应的四个职业岗位分别是数控车工、电工、车工和装配钳工。每一个职业岗位都有需要完成的工作任务。比如，数控车工工作任务的第一项就是读图与绘图，需要学生掌握的技能是能读懂中等复杂零件图，能对简单的轴类及盘类零件图进行绘制，对零件装配图的进给机构、主轴系统进行识读，需要学习的知识是复杂零件的表达方法，简单零件图的画法，零件三视图、剖视图及局部视图的画法，装配图的画法。同时，需要具备吃苦、细心和耐心的工作态度。通过分析这一职业的知识、能力和素质，提炼成课程。通过这样的职业分析形成的课程是适应岗位需求的，具有针对性。通过这样的课程学习，学生能够胜任工作岗位的需要，把工作任务完成好。

（三）缺少理论指导

传统的课程是按专业进行设置的，并没有体现具体的工种。按照职业岗位实际情况，将机电专业分为四个岗位，学生哪个岗位的课程都学了，但是哪个学得都不好，造成学习完课程后不能胜任对应的职业岗位。因此，我们要依据国家关于学校专业的标准来进行设置，并依据"宽基础，活模块"的理论，将机电专业分成四个岗位。四个职业岗位要分清楚，每一个职业岗位应该掌握哪些内容，学习好某一

职业岗位的课程内容，使学生能够针对职业岗位需要，胜任职业岗位工作。

三、学校机电专业课程设计思路

"宽基础，活模块"理论是课程内容建设的核心内容，它重视关键能力和从业能力的培养。两者各有侧重又互相交融。例如，从业能力中的专业能力，包括基础学习能力即眼手协调能力、语言表达能力、执行能力、手指活动能力、身体形态能力、智力等职业能力。专业能力的形成应融于课程学习的各个板块、各个模块之中，应成为培养目标的重要内容。

高职院校机电专业应采用"宽基础，活模块"的课程模式，"宽基础"模块的组成是指文化基础类、工具类、公关类和职业群专业类四大部分。"活模块"部分包括一个职业群中的若干个职业所对应的模块，每一个模块对应某一个职业所必需的学识、技术和素质。确定每一个"模块"的具体内容是以职业资格为导向的。以工作岗位的实际需要为依据，设置课程是在职业分析的基础上进行的。一方面，为学生能进入相关专业岗位做准备，并提供与该职业岗位相适应的专业基础课程；另一方面，设置了掌握某一职业的知识、技能和素质的课程。通过模块化课程模式的学习，能够使学生及时适应劳动力市场的变化，提高学生在劳动市场的就业能力，并且使学生能够获得在一类职业群中广泛就业的能力，有利于学生在这类职业群中较容易地转换职业，在就业中能够占有很大优势。

依据国家大纲和职业标准规定，运用"宽基础，活模块"理论，针对职业岗位特征分析，确定机电专业对应的四个职业岗位分别是数控车工、电工、车工和装配钳工。笔者分别采访了这四个职业的技师和工人，对每一个职业对应的知识、技能、情感目标进行了职业分析，形成了四个职业所对应的知识、技能、情感目标。将机电专业课程分为"宽基础"和"活模块"两大部分课程。"宽基础"部分课程由"文化基础模块""工具模块""社会能力模块""职业群模块"四个模块课程组成，并针对每个模块设置了具体的课程。"活模块"部分课程由"数控车工模块""电工模块""车工模块""装配钳工"四个模块课程组成，分别对应数控车工、电工、车工和装配钳工四个职业，每一个职业对应一个模块。针对每一职业模块，按照职业岗位分析，将知识、能力、素质分别提炼成模块课程，包括专业类课程和实训课程，通过模块化课程的学习，使学生能够为就业做好充分的准备，胜任未来的岗位需求。

"宽基础，活模块"课程模式的培养目标及课程设置内容如下。

培养目标：掌握电气安全操作的基本知识、电工安装和维修的操作技能；熟练进行照明电路、测量电路、电机控制电路等各种电路的设备和线路的正确安装；掌握机电技术基础理论。

数控车工：使学生对数控编程的基础知识，其中包括手工编写中等复杂程度零件的数控加工程序有所掌握；能熟练操作数控车床，具有数控车工中级工水平，培养具有较熟练操作技能的中级工人才。从事钳工、车工、数控车铣工、电气维修工、仪表使用与维护人员，能够从事生产一线设备维护、机电设备的安装、调试、运行、维修、熟练操作等。

电工：使学生能够熟练使用仪表、工具、安全防护用具等，能够对故障进行判断与处理，对设备进行维修，达到电工中级工水平，同时努力培养学生良好的职业道德修养。

车工：使学生掌握车床有关知识，能熟练操作车床，具有车工中级工水平，同时培养学生良好的职业道德修养。

装配钳工：使学生对装配钳工所需技术操作技能技巧有所掌握，达到装配钳工中级工水平，同时培养学生良好的职业道德修养。

文化课：德育、语文、数学、英语、计算机、物理（删减的课程）、体育。文化基础类课程模块：政治、语文、数学、体育。

工具类课程模块：计算机基础、基础英语和专业英语。

社会能力类课程模块：社会能力培训、职业能力培训（新增课程）。

专业基础课：机械制图及 CAD 绘图、机械基础、金属材料与热处理、电工电子技术基础、电气及 PLC、液压与气压传动、机电设备概论、机床电气、单片机原理、家电维修、公差与配合技术测量、传感器应用。

职业群课程模块：机械制图和基本测量、机械基础、液压与气压传动、电工和电子技术与应用、机电控制技术基础、机电设备概论、机械制造技术、电气及 PLC 控制技术课程。

专业课：钳工训练、普车、电工技能训练、电气控制、线路安装与调试训练、数控机床。

职业板块课程：按照职业岗位进行设置。

数控车模块：机械工程材料（新增课程）、机械设计基础、设备控制基础（新增课程）、数控系统（新增课程）、数控设备与编程、数控加工实训。

电工模块：机床电气、传感器、电力拖动（新增课程）、电气控制、维修电工实训。

车工模块：机械制造、机械设计（新增课程）、金属材料与热处理、公差与配合、车工实训。

装配钳工：金属材料与热处理、机械制造、机械设计（新增课程）、公差与配合、装配钳工实训。

总之，笔者设计的机电专业课程设置方案，根据机电专业的四个职业，确定不同工种的培养目标。基础课程中对于不必要的课程进行了删减，对于需要的课程进行了新增。同时，根据职业需求，按照职业岗位进行设置，分开学习，进行流程再造。每一职业岗位新增添了几门课程，保证学生在第二年学习五门职业课程，能够针对某一职业岗位进行细致的学习，总学时保持一致。这样，学生有较充足的时间学习好一个工种的课程，为今后从事这一职业打下坚实的基础。

第二节　由通用基础课程设置向模块化通用课程设置转变

通用基础课程是机电专业的基础课程，是指应该掌握从事本职业所需要的基础知识和情感教育。按照国家教学标准来进行设置，通用基础课程应包括文化基础模块课程、工具模块课程、社会能力模块课程和职业群模块课程。

一、高职院校机电专业通用基础课程设置的原则

"宽基础，活模块"课程模式中的"宽基础"应成为高职院校机电专业通用基础课程建设的依据。"宽基础"课程部分范围较为广泛，由四大模块组成，每个模块包含了相应的课程。

基础模块的课程包括职业发展所需要具备的知识和能力。它不但是职业岗位所需要的情感、知识和技能的基础，而且也是未来职业发展的关键部分。它强调综合职业能力的形成，拓宽了学生的择业面，使学生适应职业发展的变化，并奠定了学生继续深造的基础。它是学习者从事职业活动应掌握的基础内容，也是职业成长所需要的潜在动力，是职业教育区别于职业培训的主要区别，也是职业教育的追求和责任。

按照系统理论、课程理论以及学习理论的要求，必须将基础模块进一步细化，将课程内容进一步设置，使之能够进行课程建构与组织。关于基础模块的设置，要求每个模块之间既相对独立，又相互联系。即每一个模块都是一个相对独立的系统，它包含了相对独立的知识和技能，可以独立学习，是从事某个技能操

作或职业发展所必须学习的内容。同时，这些模块又都从属于上面的模块，是模块的有机组成部分，其内容、功能与作用都受模块所影响和制约，模块的全部任务要求是这些模块的有机结合共同完成的。

基础模块可以分为四个模块，即文化基础模块、工具模块、社会能力模块和职业群模块。其设置意义在于不是将学生简单地培养为"技术人"，而是将他们培养成适应职业岗位需要、具备良好的合作与沟通能力的"现代社会人"和"现代职业人"。

进一步确定每个模块包含的具体课程，这是整个职教课程开发的核心和重点。每个模块的课程都要按照课程划分的原则划分，包含若干门课程。这些课程就是在教学过程中具体讲授的课程，是教学活动的主要内容，是学生应知应会的具体体现。所有课程内容都要划分为具体的、可以组织实施的教学内容。

二、文化基础课程内容建设

原先三段式课程模式中的第一段为文化课，即把文化基础课程和工具课程混在一起，它由德育、语文、英语、数学、物理、体育和计算机等科目组成，这些课程划归为文化课。

文化基础课程这一模块的设置是国家和行业企业对从业者德、智、体的基本要求，是社会经济发展对劳动者素质的基本要求，也是培养学生分析问题与解决问题能力的需要，以及培养学生观察、注意、思维、推理以及自觉能力的需要，是劳动者最基本的一般职业能力。

文化基础模块包括语文、数学、政治、体育四个课程。与三段式课程模式的区别在于没有开设物理这一课程，在实践中对物理学科的知识要求得并不多，浪费学时。

（一）政治课程

在保持道德教育课程的范围和目标的教学不变的情况下，重点传授职业道德和职业指导的理论需求，培养学生树立社会主义核心价值观，树立正确的职业道德和职业理想，增强法律意识，知晓一些社会经济现象，努力让他们成为对社会有用之人。

（二）语文课程

减少传统的语文教学方式中文学阅读的训练，专注于开发应用程序所需的语言知识，注重基本功的训练和思维能力的培养，让学生在日常生活和工作需求中提高阅读能力、口语能力和写作能力，从而拥有综合的职业能力，为继续学习打下坚实的基础。

（三）数学课程

删除一部分数学学习内容，如立体几何、数列、解析几何、复数、向量等难度大、实用性又不强的课程，让学生进一步学习和掌握专业岗位必需的数学知识，重点教授基本的计算机技能，培养学生的空间思维、逻辑思维能力，使学生拥有一定的职业技术和能力，为今后的工作和发展打好基础。

（四）体育课

主要目的是在传授体育与健康的基本知识和运动技能。学生要有"健康第一"的意识，能够坚持自主运动，全面提高身体素质和心理素质，增强综合职业能力和适应社会的能力，为以后的职业生涯打好基础。

三、工具类课程内容建设

工具模块设置的目的是提升学生在信息化时代获取学习的能力，是学生进入职业岗位和职业发展的基本保障。三段式课程模式中的英语为基础英语，本模块增添为基础英语和专业英语，培育学生能够在职业场景运用英语的能力。

工具模块包括计算机应用和英语两门课程。

（一）计算机应用课

在原来计算机课程的基础上多增加上机的训练，其目的是让学生更好地学习计算机的基本知识和上机的基本操作，能够对常见的操作系统进行操作，为今后的学习和工作做好准备。

（二）基础英语和专业英语

通过英语口语和写作的基本培训，不断积累词汇量，使学生具备一定的口头表达能力，结合专业英语的学习，在教学中增加实用英语课程，特别是牵涉机电专业方面的英语运用的课程，借助工具能够阅读或翻译该专业外语资料，培育学生能够在职业场景中运用英语进行交流的能力和继续学习英语的能力。

四、社会能力课程内容建设

社会能力模块课程是三段式课程模式中所没有设置的课程，但对于学生来说是非常重要的。社交能力是指学生适应社会、融入社会的能力，是胜任职业岗位工作的能力，包括自我适应变化、组织和执行任务、自我的塑造与推销、自我的控制与反省、抗挫折、交往与协作、竞争与谈判等能力。这些能力的形成需要在教育教学的全过程中完成，所有教师都是育人的主体。学校应根据本地区和专业的特点，提供相应模块的课程供学生选择。

社会能力类模块由两个模块组成：一是以"内求团结，外求发展"为主线进行社会能力训练；二是以"了解社会、了解自己、学会选择"为主线，进行职业指导和创业教育。

（一）社会能力培训课程

社会能力培训课程包括礼仪、综合职业道德、心理学等，可以将该课程分解为对信息的收集和使用能力、沟通能力、谈判能力、合作能力、推销能力、抗挫折能力等能力培养的课程。

（二）职业和创业培训课程

在当前经济形势下，提高学生的就业和创业能力就要让学生了解机电行业对人才的需求情况、就业现状、应聘的方法和技巧，要开展职业道德养成和创业素质培育等课程。

五、职业群课程内容建设

职业群课程内容中，一部分是机电专业的专业理论课部分。它是学习其他职业模块课程的基础。三段式的课程内容设置为专业基础课，夹杂了多个工种的课程，而"职业群模块"集中体现了职业岗位所需要的专业能力，既是学生毕业后在本职业岗位中从事职业工作的基础，也是未来工作转岗的前提，以及终身学习与更新专业理论和技能的基础。

以学生够用为基本原则，有关公式推导以及部分理论性很强的内容在职业群专业模块中大大减少了，增加培养学生熟练运用各种知识能力的内容。经过对各学科的知识进行选择、增加或减少，打破了原有的学科系统，以专业实践的需求为主线，将有用的知识串联起来，让学生在有限的学习时间里学到更多有用的知识。

（一）基本的机械识图和测量

在机械制图课程中，降低了一定难度，重点传授机械制图、公差和国家测绘标准基本理论。重点讲解三视图、零件装配图的知识，包括识别机械零件图和很好地进行装配图的阅读。让学生能够有空间思维的能力，并能掌握复杂的机械部件之间的关系，掌握机械零件手册和相关的国家标准，掌握尺寸标注的方法，能对公差和表面粗糙度符号进行识读。

（二）电气和电子技术与应用

以前的"电工基础"和"电子线路"为两门课程，现在学习"电工电子技术及应用"的一门课程就可以了。让学生对电子技术的基本知识、对计算分析办法和电子技能有所掌握，并且了解三相异步电动机、直流电动机、步进电机的运动原理。课程知识有：变压器、电动机、电子分立元件、数字逻辑电路、直流电路的原理、交流电路及基本电路的原理、线性集成运放电路的工作原理。

（三）机械基础

综合"金属材料及热处理""液压与气压传动""机械基础""工程力学"的有关知识，集合成机械基础课程。通过学习，让学生对工程材料的特点、作用和选用有所了解；能够懂得机械零件性能的基本知识；能够使用简单机械的方法简单地分析和处理实际工程的问题，能够对简单机械的强度和刚度的计算办法进行正确的计算，并具备必要的实验技能，对常用机械构件及通用机械零件的基本理论能够有所了解和研究，对选择机械部件的设计和简单的机械传动的基本知识、结构、工作原理、应用功能的基础知识有所了解；对主要液压元件的液压传动的基础知识有所了解；奠定学习专业课程和新的科学技术的基础，提高处理实际问题和技术改造的能力。

（四）机电控制技术基础

本课程介绍机械和电气传动控制，主要包括电机、电子控制装置的基础知识、直流伺服、拖动基础、可编程逻辑操作器、交流伺服、可控硅电路、步进电机开闭操控体系等方面。此学科的学习目的是让学生对电驱动控制的基本常识能够理解，对机电工程有所掌握，对半导体闸流管的运行原理、特点、应用及选择方法有所了解，能够懂得开环、闭环操作的工作原理、功能、性能，能够运用新的操控技能。

（五）机电设备维修

通过本课程，让学生掌握机械设施故障判定与维修的基本理论与技术，机械设施拆卸、组装、维修的技术问题和维护技术、理论，维修的变化和修复的故障机械部件的安装技术，机械维修精密检测与判断办法；掌握基本知识和设施维护措施，提升学生的专业知识，为以后继续学习机械制造技术知识打下基础。

（六）机械制造技术

本课程主要学习金属切割、加工及装配工艺规划制定，典型的表面处理措施，分析加工理论的基本原理、精度和表面质量，制造体系的基础和现代制造技术，精密、超精密及特种加工。经过该课程的学习，让学生熟悉机械加工和装配工艺规程制定办法，能够理解加工精度和表面质量的分析理论和措施、工序，让他们对现代制造技术有所涉猎。

（七）电气及 PLC 控制技术课程

本课程主要学习低压电器控制的基本结构、工作原理和选择，运用电气控制线路原则，学习可编程操作器的基本原理、方案设计，学习可编程操控器、网络通信和现场总线技术，学习可编程操控器控制体系的设计问题。主要是让学生能够知道常用的操控电路的工作原理与运用，牢牢掌握和分析电气控制，能够对可编程控制器的编程指令和编程方法、机电设备的基本工作原理、常见的应用设计、典型电气控制电路的工作原理有所掌握，对安装、操作、调试和维护的基本技术有所掌握，能够掌握机械和电气操控设施线路一般转型、创新技术。

第三节　由专业课程设置向职业岗位课程设置转变

依据专业目录，该专业对应四个职业岗位，这四个职业岗位分别是数控车工、电工、车工和装配钳工。运用"宽基础，活模块"理论，每一个岗位对应着一个课程模块。下面分别对这个岗位的课程模块进行分析，解决该模块应该解决的课程内容。

一、机电专业课程四个模块的顶层设计

要从事某一职业岗位，就要学习职业板块的课程。它包括了从事该职业所需要的具体知识、技能和技术等。对比传统的三段式课程模式，它具有较强的针对性、应用性和现实性，是某一个职业岗位应知、应会的内容，主要侧重强化专业能力。职业板块是用人单位衡量考核学生职业岗位能力的标准，事关学生能否顺利就业进入职场，是胜任职业岗位工作的关键。通过这一板块的学习，能够使学生取得相应的职业资格证书，关系着未来职业生涯的发展。职业板块的学习与所得需要在真实的职业岗位上或具有真实环境的实习实训中心，并在指导教师的指导下，先观看操作，然后进行模仿，再独立操作加工，最后熟练操作等，并经实践逐渐获得职业技能。

依据职业标准可以将职业模块课程分成四个模块组，称为职业岗位课程模块，分别是数控车工模块、电工模块、车工模块、装配钳工模块。每一个模块组分别代表完成某一特定的职业工作所应具备的技术与技能。对每一个模块进行进一步细化，是设计具体课程的必要条件。

数控车工模块的课程设置是为了培养操作数控车床进行小批量零件加工的劳动

者。该模块的课程内容有机械工程材料（新增课程）、机械设计基础、设备控制基础（新增课程）、数控系统（新增课程）、数控设备与编程、数控加工实训等五门课程。通过这些课程，能让学生对数控车工这一职业岗位所需要的知识、技能、情感进行深入细致的学习，以便让学生很好地胜任数控车工这一职业岗位。

电工模块的课程设置是为了培养对机械设备电气部分仪表、电气系统线路及器件进行安装、调试与维修的劳动者。该模块的课程内容有机床电气、传感器、电力拖动（新增课程）、电气控制、维修电工实训五门课程。通过这些课程，能让学生对电工这一职业岗位所需要的知识、技能、情感进行深入细致的学习，以便让学生很好地胜任电工这一职业岗位。

车工模块的课程设置是为了培养进行车床操作、加工机械零件的劳动者。该模块的课程内容有机械制造、机械设计（新增课程）、金属材料与热处理、公差与配合、车工实训等五门课程。通过这些课程，能让学生对车工这一职业岗位所需要的知识、技能、情感进行深入细致的学习，以便让学生很好地胜任车工这一职业岗位。

装配钳工模块的课程设置是为了培养安装、调试机械设备零部件和组装成品的技术人员。该模块的课程内容有金属材料与热处理、机械制造、机械设计（新增课程）、公差与配合、装配钳工实训等五门课程。通过这些课程，能让学生对装配钳工这一职业岗位所需要的知识、技能、情感进行深入细致的学习，以便让学生很好地胜任装配钳工这一职业岗位。

（一）数控车工职业的培养目标和培养规格

职业标准：从事数控加工程序编写，操作数控车床进行零件加工等工作的本专业的毕业生。

1. 培养目标

（1）培养数控车床加工的技术操作人员

学生对主要零件的数控加工工艺能正确、规范地实施，对简单零件的数控加工工艺规程能拟定；

学生对数控车床的组成、工作原理及中级操作技能相关理论知识有所掌握，并有能力操作典型数控车床；

学生对数控车床主要部件的典型结构有所掌握，对数控设备能够进行日常保养；

学生对数控编程的基本知识及手工编写中等复杂程度零件的数控加工程序能有所掌握，并且对 CAM 软件的自动编程有所掌握。

（2）培养学生良好的职业道德素养

在培养目标上，学生不仅需要掌握数控车工职业所需要的知识、技能、情感，同时也需要培养学生良好的职业道德素养。

2. 培养规格

（1）知识要求

学生必须掌握机电课程的基础理论知识机械制图、金属材料及热处理、机电控制、工程材料、计算机基础和与机电专业相关的英语。

（2）能力要求

①专业能力

机械原理；

常用设备的基本知识：用途、分类、基本结构和维护方法等；

常用金属切削刀具知识；

典型零件加工工艺；

设备润滑和冷却液的作用方法；

工具、夹具、量具的使用与维护知识；

普通车床、钳工基本操作知识。

②方法能力

能运用辩证唯物主义方法和专业知识去分析、解决本专业的一般性的生产问题；

能熟练使用计算机编程；

对简单的数控车工相关的英文材料借助工具书进行阅读。

③社会能力

能与人交往沟通，具备组织管理和团结协作的能力。

（3）职业素养要求

①思想道德素质

热爱祖国，拥护中国共产党的领导，具有社会主义核心价值观；

有良好的社会品德和职业素养，遵守纪律、遵守法律，诚实守信；

有良好的工作习惯，不怕苦、脏、累；

具有集体主义和团结协作精神。

②专业素质

有文明生产、安全生产的知识，有环境保护的知识，有安全操作与劳动保护知识。

质量管理知识，企业的质量方针，岗位质量要求，岗位质量保证措施与责任。

（4）相关法律、法规知识

劳动法相关知识，环境保护法相关知识，知识产权保护法相关知识。

（二）车工职业的培养目标和培养规格

职业标准：从事工件旋转、表面切削与加工等车床操作工作的本专业的毕业生。

1. 培养目标

让学生了解常用车床的结构、性能和传动原理，具备掌握车工常用量具、常用刀具的能力，掌握常用车床夹具的结构原理及安装方法，掌握合理选择工件定位基准的方法，会选择切削用量，能根据实际情况采用合理的工艺，并会制定中级零件的车削步骤，掌握常用车床的调整、维护、保养的方法。

让学生掌握本工种的基本操作和实践应用，使学生知道车工加工的实际生产过程，巩固学生掌握的车工所需技术技能，巩固专业技术的应用能力，检验学生对理论与实践相结合教学的掌握程度，从而使机电专业的教师队伍和实训基地建设得以良好发展。

掌握本工种的基本操作技能；完成车工中级技术水平工作的技术操作；能熟练对车工操作的主要设备进行使用、调整与维护。

通过车工技能操作，要求学生养成良好的职业道德，能安全和文明生产。

在培养目标上，学生不仅需要掌握车工职业所需要的知识、技能、情感，同时还要培养学生良好的职业道德修养。

2. 培养规格

（1）知识要求

①基础理论知识

识图知识；

公差与配合；

常用金属材料及热处理知识；

常用非金属材料知识。

②机械加工基础知识

机械传动知识；

机械加工设备的知识（分类和用途）；

金属切削常用刀具知识；

主要零部件的加工工艺；

设备润滑及切削液的使用知识；

工具、夹具、量具使用与维护知识。

（2）能力要求

①专业能力

本工种基础知识：一是掌握本工种的基本操作技能。二是熟练掌握车床设备的使用、调整和维护保养。

钳工基础知识：一是划线知识。二是装配钳工加工的基本知识。

电工知识：一是通用设备常用电器的种类及用途。二是电力拖动及控制原理基础知识。三是安全用电知识。

②方法能力

能使用专业知识和辩证唯物主义方法去分析、解决一般性的生产问题；

能起草文本材料并进行专业交流；能熟练使用计算机办公；

能查阅工具书进行简单的专业英文资料的阅读。

③社会能力

有与人交往沟通、组织管理、协作共事、承担社会责任的能力。

（3）职业素养要求

①思想道德素质

热爱祖国，拥护中国共产党的领导，具有社会主义核心价值观；

有良好的社会品德和职业素养，遵守纪律、遵守法律，诚实守信；

有良好的工作习惯，不怕苦、脏、累；

有集体主义和团结协作精神。

②专业素质

能适应本专业职业岗位的工作，有文明施工意识、安全生产意识、环境保护意识和质量管理意识，有节约意识、时间观念；

有创造思维，能学习新知识和新技术。

③身心素质

科学地进行体育锻炼，达到国家规定的学生体质健康标准，适应车工操作的艰苦工作；

意志健全、情绪良好、自我观念正确、人际关系和谐、人格完整统一、行为反应适度、积极适应社会的能力和良好的心理素质。

（三）装配钳工职业的培养目标和培养规格

职业标准：从事机械设备操作，使用工具器械和工具装备，安装、调试机械设备零部件和组装成品的技术人员。

1. 培养目标

使学生对装配钳工所需的技术操作和技能技巧有系统性的掌握；

使学生掌握牢固装配钳工工种的基本技能并能实践、应用；

使学生知道装配钳工加工的实际生产过程，加强专业技术和应用能力；

检验学生对理论教学与实践相结合教学的了解程度，并促进本系机电技术应用专业、机械加工技术专业的教师团队和实践训练基地的建设的良好发展；

培养学生良好的职业道德素养。

在培养目标上，与原先三段式课程的不同之处在于，本节是根据国家职业标准，需要学生掌握装配钳工这一个职业所需要的知识、能力、素质，同时强调要培养学生良好的道德素养。

2. 培养规格

（1）知识要求

理论知识：①识图知识。②公差与配合。③常用金属材料及热处理知识。④常用非金属材料知识。

机械加工基础知识：①机械传动知识。②常用设备的基本知识（分类、用途）。③金属切削常用刀具知识。④主要零件（齿轮、主轴、箱体等）的加工工艺。⑤设备润滑及切削液的使用知识。⑥工具、夹具、量具使用与维护知识。

（2）能力要求

①专业能力

装配钳工基础知识：划线知识、装配钳工的基本操作（锉、錾、锯、绞、钻孔、攻螺纹、套螺纹）知识。

电工知识：电力控制原理及电力拖动基础知识、用电安全知识、通用设备的用途和种类。

②方法能力

能运用专业知识思考、解决常见的生产问题；能通过词典、翻译软件等阅读简单的英文资料；有熟练使用计算机的能力。

③社会能力

有与人交往沟通、组织管理、团结协作的能力。

（3）职业素养要求

①思想道德素质

有良好的品德，遵守纪律、遵守法律，诚实守信；有良好的工作习惯，不怕

苦、脏、累；有团结协作精神。

②专业素质

安全文明生产与环境保护知识，现场文明生产要求，安全操作与劳动保护知识，环境保护知识，质量管理知识，企业的质量方针，岗位的质量要求，岗位的质量保证措施与责任。

（4）相关法律、法规知识

劳动法相关知识，合同法相关知识。

二、数控车工的职业课程内容建设

（一）数控车工职业的工作分析结果

与传统三段式课程模式不同在于，数控车工职业板块是通过对企业技师、工人进行访谈，对数控车工这一职业对应的知识、技能、情感目标进行了工作分析，形成数控车工这一职业对应的知识、技能、情感目标。

（二）制定加工工艺

能对中等复杂零件的数控车床加工工艺文件进行识读；

能对简单零件的数控车床加工工艺文件进行制定，文件的制定要严谨、细致。

（三）零件定位与装夹

能对零件进行装夹与定位，使用的通用夹具为三爪自动定心卡盘或四爪单动卡盘。

（四）刀具准备

能对数控车床常用刀具选择、安装和调整；

能刃磨常用车削刀具。

三、数控车工职业的课程设置

通过职业分析，将设置课程得出结果进行课程设置，使学生更好地胜任数控车工这一职业岗位。

（一）课程内容

1. 机械制图

投影作图、机械制图、公差与配合等课程为本课程主要讲授的内容，使学生对机械制图中正投影法的基本理论和作图方法等内容有较好的掌握。让学生对较简单的零件图、装配图能徒手绘制，对中等复杂程度的零件图、装配图能较好地阅读，可以熟练使用计算机绘图软件。

2. 机械工程材料

此门课程在传统的三段式课程是没有的，为新增课程。常用机械工程材料是本课程主要讲授的基本内容。让学生对机械工程材料的类别、性能及用途有所了解，对机械工程材料的加工工艺和选用原则有简单的掌握。

3. 机械设计基础

机械运动的基本规律，杆件刚度、强度，杆件稳定性，常用机械零件、机构等内容为本课程主要讲授的基本知识。使学生会分析、选用和设计简单机械零部件及传动装置，对机械传动装置进行维护。

4. 电工与电子技术

交直流电路、电器、电机、供电和用电的基本知识。通过该门课程的学习使学生理论上达到电工中级工的水平，并掌握中级电工应具备的操作技能。

常用半导体元件、运算放大器、基本放大电路、数字与脉冲电路、电源电路的工作原理与应用。学生能够分析简单的电子电路，对电子电路图能简单地阅读，通过实验实习掌握装配调试简单的电子装置的能力是该课程要达到的目标。

5. 设备控制

电气控制和流体传动的基本原理，基本电路、液路、气路、常用元件，典型系统等为本课程的主要内容。气、电、液系统的故障分析方法与排除方法，设计简单系统是学生需要掌握的。

6. 测量技术

几何量的测量技术为本课程的主要内容。通过实验课的学习，让学生对几何量的形状、位置、尺寸、粗糙度、表面锥度、螺纹及齿轮的基本检验有简单的掌握，并对生产现场的常用工检器具的使用有一定的了解。

7. 微机原理与应用

微机的基本结构、指令系统、接口技术、单片机的原理及应用等课程，使学生对单片机在实际生产中的基本应用方法有一定的掌握。

8. 数控系统

为了更好地学习好数控车工这一职业的课程，学习数控系统是十分必要的，此课程为新增课程。传感器原理、CNC 系统的基本结构、伺服系统、测量电路、数控系统的连接、参数的调整和设定等为本课程的主要内容。让学生对数控系统调试及保养维护的方法有较好的掌握。

9. 数控设备及编程

学习数控车床设备的结构特点、工作原理、程序编写及维护保养等，使学生对常用数控设备的操作、调整、编程和维护保养的基本理论及方法有所掌握，并达到数控车工中级工水平。

10. 数控加工技术

在学习机械加工工艺、刀具、夹具和机床辅具等内容的基础上进行数控车床加工方法与工艺的学习。要求学生对基本零件数控加工工艺的编制方法和机械加工工艺的基本理论要掌握好，并且对数控标准夹具、刀具及辅具的合理选用有所掌握。

11. 机电专业英语

本课程主要讲授的是训练学生如何借助工具书等去阅读数控设备和系统等方面的相关的英文资料，使学生能够初步阅读英文数控车床设备说明书。

12. 企业管理及营销

本课程主要讲授的内容是市场营销及企业管理的基本理论和方法。让学生对现代企业管理的基本知识和市场营销的基本方法和技巧有所掌握。

(二) 公共选修课

根据本学校的具体情况及地方经济的特点，选修课程面向全体学生而开设，如历史、化学、物理、地理、环境保护、音乐欣赏、舞蹈、工艺美术、书法、网络技术、多媒体与图形处理等，以提高学生的整体素质。

(三) 专业方向选修课

本课程可根据学校的条件、企业的要求、行业的特点和经济技术的发展，确定专业的方向和选修的课程。比如，调速系统、计算机工业控制、数控设备造型设计、经济型数控系统的应用、数控设备改造设计和可编程控制器等课程。

(四) 实践教学环节及要求

1. 必修实践教学环节

(1) 实验

实验课是根据教学基本要求开设的，是一门实践性很强的课程，是集中时间对学生进行系统的训练。实验课程包括"设备控制基础""机械制图""电工电子技术""数控加工技术""测量技术""数控设备与编程""数控系统"等课程。

(2) 教学实习

学习后要进入考核阶段，要求数控车工的操作水平达到中级工的水平。

（3）生产实习

生产实习是让学生参观生产加工企业车间，对生产现场的组织管理有所了解，学习操作人员的知识和技能，学习如何安装、调试和维护保养编程数控设备。

（4）课程设计

"机械设计基础"课程中有课程设计这一环节，是有效的综合训练的方法。该环节是在学习完"机械设计基础"课程之后进行的。目的是让学生掌握正确的零部件的选择方法、设计原则和设计步骤。

（5）毕业综合训练

对毕业生进行综合、全面的训练是为了提高学生的工作能力和适应能力，对学生进行的综合训练（学习的最后一个重要的综合性的环节），包括毕业设计、强化实践训练、毕业顶岗实习等，以此来适应就业单位的要求。

2. 选修实践教学环节

为了满足学生所选专业的能力培养要求和就业单位的需要，学校开设了供学生选修的相应的实践性的教学环节。

四、电工职业的课程设置

通过工作分析，将设置课程得出结果进行课程设置，使学生更好地胜任电工这一职业岗位。

（一）课程内容

1. 机床电气

交、直流电动机的控制原理，机床电气的控制线路，电工学及机床电气的基本知识。

2. 传感器

工业上常用的各种传感器的工作原理及测量电路；机电设备控制系统中的传感器的使用、调整及测量电路。

3. 电力拖动

在深化教学内容改革，建设有效课程过程中，改革面临的重大问题是如何让教学内容与最新科学研究成果相接轨、相融合，并能以最新学术研究为指导，提炼教学内容，本课程内容设置的宗旨是将重构原有学科体系下的教学内容结构，不同的学习情境作为工作任务。教学需满足职业岗位对电工的应用能力的要求，可以采取工学有机结合的方式，课程学习的基本思路为基于工作过程的学习情境及项目驱动法教学法，课程内容中电力拖动是新增的课程。该课程共设置了 6 个相对完整的学习情境和 11 个相对完整的子学习情境，课程目标和内容表述都是通过讲授理论知识和教学实践同步进行的。

（二）教学方法

在电工课程教学方法改革过程中，要改变先理论，后实践，以教师讲述为主进行单向知识传递的方式的传统的教学方法，以"学生为主导"的教育思想，结合学生的实际情况，其中包括学习能力和知识接受水平等，推进以项目为驱动的教学模式和基于工作过程的学习情境，对课堂传统教学方法进行改进，把原来的单向沟通方式，改变为师生互动的双向的沟通方式。课程的教学方法采用实践操作、具体项目、故障检修、实物模型等多种教学方法，课堂内容融入教师的讲演，配合学生操作，教学环境尽量模拟企业工作环境，使情境教学的工作任务和工作流程得以展示。

（三）教材的选择

根据专业的不同，教材内容会进行适当的增减，如电类专业讲的内容可讲些电路的分析、实操技能和故障检修；非电类专业可简单讲一些设备结构与组成、简单操作、安全生产、检测以及管理方面的知识。在新知识、新技术不断增加的情况下，任课教师对教学内容进行调整、优化是根据学生的学习状况来进行的。适当增加案例，如企业中常见的仪器仪表、机械设备检修的案例，参观企业车间的机床设备和电器电路设备，拓宽了学生的眼界，为以后步入工作岗位打下坚实的基础。

（四）配套建设

电工电子实训基地要进行产—学—研式教学，就是与企业接轨，自身配以高水平的装备。通过资源共享和领先的生产性实训基地，学生的学习环境与实际生产工作环境而变得尽量一致。

五、车工的职业课程内容建设

通过工作分析，将设置课程得出结果进行课程设置，使学生更好地胜任车工这一职业岗位。

在车工教学实践中，教师在教学过程中运用的方法、手段与策略就是教学方法。选择教学方法时应根据教育的目标、学生的特点、教学设备和企业对该技术知识的需求来选择。采用启发式教学法，多次开展实践教学的教学活动。为了实现教学目标，完成教学内容，要调动学生实践的主动性和思考的积极性，激发学生的学习兴趣，就要加强基础技能训练，还应采用项目教学的教学方法，从而最快发展学生的职业能力。

（一）机械制造

金属切割、加工及装配工艺规划制定，典型的表面处理措施，分析加工理论的基本原理精度和表面质量，精密、超精密、特殊加工，现代制造技能和制造体系是机械制造的基本课程内容。经过该学科的教学，让学生都熟悉机械加工和装配工艺规程制定办法，能够理解加工精度和表面质量的分析理论和措施工序，让他们对现代制造技术有所涉猎。

（二）机械设计

机械运动的规律、杆件的强刚度与稳定性、常用机械零件和机构等为机械设计课程主要讲授的知识。目的在于使学生能够对机械传动装置进行维护，能够选用、分析和设计简单的机械传动装置的机械零部件。

（三）公差与配合

公差与配合是机电专业的一门基础课程，它结合了公差配合及计量学，从互换性的角度来研究误差与公差这两个概念，围绕如何使用及其制造的原则，适当的技术测量手段的采用和公差配合的合理确定使矛盾得到了很好的解决。

（四）金属材料与热处理

主要讲解金属学、金属材料和热处理方面的基本知识，并介绍机械工业常用的非金属材料。内容包括金属的塑性变形及再结晶、金属材料的性能、常见金属的晶体结构和结晶，工具钢、合金结构钢、粉末冶金、特殊性能钢、硬质合金、铸铁、非铁金属、非金属材料、铁碳合金的相图、合金的结构和结晶、碳钢和合金的热处理、机械零件的毛坯选择与质量检验等。

（五）车削的基本知识

1. 教学基本要求

掌握常用车床的各部分的名称、传动关系及作用，掌握车削的概念，确定辅助坐标平面的三个几何角度，掌握常用车刀几何角度的名称及作用，了解常用车刀的材料及特点，了解切削液的作用、种类及选择。

2. 教学内容

车床的基本知识，车刀、车削和切削用量的基本知识，切削液、常用车刀材料等知识。

六、装配钳工的职业课程内容建设

通过工作分析，将设置课程得出结果进行课程设置，使学生更好地胜任装配

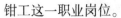

钳工这一职业岗位。

（一）课程内容

1. 机械制造

金属切割、加工及装配工艺规划制定，典型的表面处理措施，分析加工理论的基本原理精度和表面质量，精密、超精密、特殊加工，现代制造技能和制造体系是机械制造的基本课程内容。经过该学科的教学，让学员都熟悉机械加工和装配工艺规程制定办法，能够理解加工精度和表面质量的分析理论和措施工序，让他们对现代制造技术有所涉猎。

2. 机械设计

相关机械运动的原理、零件的稳定性与强度、一般零件和机构等为机械设计课程主要讲授的知识。目的在于使学生能够维护机械传动装置，能够分析、选用、设计简单的机械传动装置的机械零件、部件。

3. 公差与配合

公差与配合是机械类专业技术的一门基础课程，它将公差配合和计量学有机地结合起来，从互换性的角度，围绕如何解决使用及其制造来研究误差与公差这两个概念的矛盾，公差配合的合理确定和适当的技术测量手段的采用因这一矛盾的解决得以实现。

4. 金属材料与热处理

主要讲解热处理、金属学和金属材料方面的基本知识，并介绍机械工业常用的其他材料。内容包括金属材料的性能、金属的不可恢复性变形和再结晶、常见金属的结晶与晶体结构，合金结构钢、工具钢、特殊性能钢、粉末冶金、硬质合金、铸铁、非金属材料、非铁金属、纳米材料简介合金的结构和结晶、铁碳合金的相图、碳钢和合金的热处理、机械零件的毛坯选择与质量检验。

（二）教学方法

教学组织模式。学生以小组为单位（建议5人一组）学习。针对本课程的特色，为了更好地培养学生的综合能力，每个学生应担任一个基本的钳工职务，教师示范和指导实践项目的操作和进行。

教学方法与手段。教学方式采用"项目导向任务驱动"的模式，实施课程教学采用多种教学方法，根据学生特点和课程内容，灵活运用小组讨论、引导问题、案例分析、多媒体演示、在线视频和实践等方法，引导学生养成勤于思考、积极实践的好习惯，使教学效果得以提高。

学生考核与评价。考核以项目名称为单元，注重评价学生完整的工作过程，体现过程性和终结性，评定学生的学习成绩要按照考勤、工作表现、完成产品的质量、规范要求及安全生产等来实施。

（三）教学内容

装配钳工必须掌握金属材料和热处理、电工、识别图纸、机械加工、安全生产、文明生产、质量管理和现场管理知识。

岗位能力包括加工装配、检验工装精度、工作准备及工装维护四个方面。

教学课程设置原则上要"适度、够用"，有机地融合教、学、做。兼顾学校教学和企业用人情况，教学内容包括装配钳工的一般操作技能培训和装配技能培训两部分，装配钳工的基本技能主要讲授划、钻、刮、磨等操作，装配技能培训主要讲授装配规则和零部件装配技能；以企业所用变速箱、农用机械为课题，训练学生零部件的拆卸和装配。

教学建议：装配钳工是一门技能，要求动手能力强，它在操作方面也存在危险性。在教学前，教师首先要让学生明白严格遵守各项操作规程的重要性，加强安全意识，爱惜工量器具，养成良好的工作习惯。同时，实操对部分同学来说也是一门苦差事。因此，在教学中，教师要激起学生的学习热情，抓住他们对装配钳工这一新鲜事物的新鲜感。同时，通过钳工实操，让学生学会独立思考和解决实际问题，并锻炼学生的意志，克服懒散的生活习惯。

考核方法：包括理论考核和实践考核两种方法。其中理论考核为试卷考试，考试内容为课堂所讲知识。实践考核为综合使用各种钳工的技能考核，加工出所需工件的考核。

机电类专业人才培养模式

第一节　机电专业人才培养模式的构建

一、选择优质企业，共订人才培养方案

（一）选定优质企业，成立校企合作委员会

选择合作企业是学校开展现代学徒制的第一步，选择一个技术先进、管理规范、成长性良好的企业，是保证高技能人才培养方案科学性的前提。选择企业时，我们主要遵循以下三条准则。

第一，选择对高素质人才的用人需求较为强烈、主动谋求合作的企业。现代学徒制是校企深度合作、工学深度融合的人才培养模式，企业要有主动合作、真诚合作愿望并能付诸实际行动。

第二，选择具有行业代表性、技术先进、专业对口的企业。企业主要产品及其生产工艺流程要与学校专业对口一致，岗位要有技术含量，企业师傅的数量与质量都有保证。

第三，选择具有一定规模、管理规范、成长性良好的企业。企业要有良好的育人环境、企业文化、经营理念，重视员工个人职业发展，在薪资、福利、发展前景等方面对学生有充分的吸引力。

因此，通过以上三条准则，选择优质企业开展合作，以服务发展为宗旨、促进就业为导向，以校企合作、双元育人为核心，以职业学校和企业为双主体，成立校企合作委员会，创新招生制度、管理制度，加快推进产教深度融合，提高育人质量和针对性，形成符合区域经济特色的人才培养模式。在实践过程中，校企合作委员会成为校企合作的重要平台，保证了双方深度合作的稳定性。选择优质企业，成立校企合作委员会。

（二）建立合作机制，共订人才培养方案

学校、企业共同成为人才培养的主体，企业需要真正参与人才培养整个过程。人才培养方案由校企双方共同制订、共同实施。机电专业通过企业调研，设置调查问卷对企业主管、技术工人和毕业生进行调研。校企合作委员会多次召开会议，会同企业专家、行业专家、学校专业教师召开工作岗位任务分析会等方式，对机电专业人才培养方案进行探索，共同构建了"自主选择、三段育人、能力递进"机电专业高技能人才培养模式。

1. 自主选择

学校许多学生对专业认识很模糊，没有职业规划，也不清楚自己今后的发展方向。因此，要根据"选择性"课改精神，给学生多次自主选择的机会。首先，专业方向、岗位方向、职业方向自主选择。招生时按照机电大类招生，一年级先学习专业通识课程，同时安排学生进行各工种的见习。通过一年的学习，学生有了一定的认知后，可以根据自己的兴趣和特长自主选择专业（数控加工技术、模具制造技术和电气设备安装与维修）进行专业学习。二年级分专业学习专业核心课程。三年级再次对岗位方向进行选择，进一步深化学习岗位化课程，例如模具专业有模具设计、模具制造、模具装配与调试三个岗位方向可以选择。在四年级工学交替实习期间，合作企业还会让学生自主选择今后的发展方向（职业规划），有技术方向（技术部门）、生产管理方向、销售管理方向等选择。其次，升级与就业自主选择。学生在完成中级工阶段学习，取得中级技能等级证书后，可以根据自己的实际需求，自主选择进入高级工阶段继续学习或者是直接就业。最后，实习企业和师傅自主选择。学校校企联合招工招生主要在高级工阶段开展，这个阶段，学生对自己的专业已经有了一定的定位，对自己今后的发展方向有了一定的规划。通过学校对相关合作企业的宣传，学生、家长对企业也有所了解，适合开展校企联合招工招生，在招生招工现场学生可以自主选择企业、师傅。学校与合作企业签订《现代学徒制校企合作协议》，同时学校、企业、家长签订了《校企家三方协议》，召开校企联合招生招工仪式。

2. 三段育人

三段育人是指学生的学习阶段分成三段：校内学习，工学交替，顶岗实习。按照"学生—学徒—准员工—员工"四位一体的人才培养思路，实行三段式育人机制：第一阶段（第1~2年）为在校学习阶段，以学生身份在校内学习完成文化课程学习任务，掌握专业所需各项基本技能，同时安排企业参观学习和企业来校开设文化讲座，提前了解企业；第二阶段（第3~4年）为工学交替阶段（实施两轮，每学期安排两个月到企业轮岗实训），以学徒身份在校内学习专业课程和到企业轮岗实习交替进行，学生在岗位师傅的带领下，进行岗位技能轮训，培养专项职业技能；第三阶段（第5年）工学交替实习阶段，以准员工的身份到企业顶岗实习，培养技能专长，进行专业拓展，确定职业方向，同时根据企业实践情况，完成毕业设计。学生毕业后即以正式员工身份进入企业工作。

3. 能力递进

"能力递进"是遵从学生的认知规律，以学生"基本职业能力培养""专项职业能力培养""综合职业能力培养"三个层面能力培养为基本框架，开展能力递进的培养过程。

二、基于层次分析法的人才评估体系

高技能人才培养6T模式中，需要对学生的基本职业能力、专项职业能力、综合职业能力进行评估。为准确地评估学生的能力，笔者设计了针对高技能人才培养6T模式中学生能力评价的层次分析法。

在高技能人才培养6T模式中，主要从理论基础、理论应用、实践经验三个方面对学生的能力进行评价。

6T人才评估的总体成绩包括理论基础、理论应用、实践经验三个部分。其中，理论基础可以细分为电工基础、机制基础和机制识图三个部分；理论应用细分为机械结构设计、制图软件应用、数控编程应用三部分；实践经验被分为基本技能实训和数控加工实训两部分。

理论应用绩效评估主要考查学生对基础理论的应用能力，其考核形式为课程设计。要求学生根据所学的理论知识设计三轴机机械手模型，并通过UG软件完成该机械手的三维模型。由学校教师对课程设计结果进行评估，并给出其机械结构设计能力和制图软件应用能力的评分。

此外，在理论应用部分需要对学生的数控编程能力进行考核。要求学生编写数控加工程序，学校教师根据该数控加工程序的运行结果对学生的数控编程应用能力进行考核。

三、专业对接企业，共构课程体系

一般情况下，职业教育课程体系的设置以学校为主，由学校决定教学目标、教学内容、教学方法以及教学评价体系，这些与企业对岗位技能人才的需求不能完全匹配。因此，重构课程体系成为现代学徒制人才培养模式成功与否的关键。如何将行业企业的职业能力要求转化为课程培养的目标和内容，需要教育专家和企业专家共同进行思维碰撞，达成共识。现代学徒制课程的构建主要有三方面的要求：一是以企业的岗位能力标准所涉及的相关知识和技能为中心；二是考虑整个行业的普遍需求，而不是单方面地考虑某个企业的需求；三是考虑学生的可持续发展和终身职业发展的要求，注重学生职业核心能力培养。学校在实践过程中，要成立教学专业指导委员会，校企双方共同研讨，构建课程体系。下面以机电大类里的模具专业为例，来说明校企共同构建课程体系的过程。

（一）开展企业调研，分析工作任务

学校与企业组建课程体系开发小组，开展企业调研，分析模具专业的岗位工作任务与职业能力要求。

（二）组织专家研讨，构建课程体系

根据调研结果，行业专家、企业专家、课程专家和学校专业教师共同参与，共同确定学校技能课程和企业岗位课程同步推进，以学生"基本职业能力培养""专项职业能力培养""综合职业能力培养"三个阶段、三个层面技能培养为基本框架，改革课程结构，创新课程体系，形成公共基础课＋专业通识课程＋专业核心课程＋岗位专门化课程的课程路径，构建基于工作过程系统化的项目化教学课程体系，把企业岗位任务考核标准的重要指标转化成学徒学业考核指标，从而实现人才培养目标与企业用人目标的统一。

（三）内容对接岗位，开发校本教材

在课程开发方面，以公司实际模具设计、生产、测试等岗位需求为依据，把模具行业的职业能力标准和国家职业资格证书转化成了教学内容，实现了课程内容与岗位标准之间的有机衔接，将岗位标准转化成课程标准。将专业课程分解成若干个模块，再将每个课程模块分解成若干个岗位，每个岗位分解成若干个技能项目，开发学徒制实训项目，编写具有鲜明职业特色的高质量的实训教材。例如，开发《模具认知》《典型产品三维建模》《水果刨模具设计与制造》《保温杯产学研一体化课程》等一系列校本教材。在实践过程中，学校很好地与企业实现

了课程开发方面的对接，将企业革新的技术、新工艺、新方法很好地融入新开发教材中，真正做到教学内容的针对性、时效性。这些教材以项目为载体，通过项目，整合理论知识和实践技能，让学生在"做中学，学中做"，充分体现理论、实践一体化的职业教育理念，具有实用性和操作性强的特点。一个实训项目包括任务目标、任务实施、任务评价等环节，理论与实践相结合。可操作性较强，而且图文并茂，大量采用实物图和表格来展示知识点，直观性强，易懂易会，比较符合学校专业课教学规律，便于教师开展教学以及学生进行自学。

学校的教学资源是为专业教学的有效开展所提供各种可被利用的条件。从广义上来讲，教学资源是指在教学过程中被使用的一切资源，包括为教学服务的人、财、物、各类信息等。从狭义上来讲，教学资源主要包括教材、数字化资料等学习资源。学校的专业教师主动深入行业企业，与企业专家共同开发技能教学的校本教材。

作为机电大类的学校模具制造技术专业应致力于建立信息化资源库，开发课程资源包，依托统一的平台即虚拟教学软件，采用同一系列的模具案例，使得各课程资源内容衔接、贯通，实现"平台统一、案例贯穿、课程连通、知识融合"，增加教学效果。这种资源包改变传统的教学资源形式，采用全新技术，实现全媒体教学。教学资源载体多样化，资源展示平台涵盖电脑、PAD、纸质教材；而教学资源不仅拥有丰富的传统内容，如电子文档、视频动画、PPT、案例素材等，更与领先的虚拟教学软件相结合，以身临其境般的体验，开创自主探索的新型教学模式，以及虚实结合的新型实训模式，使教学资源建设水平产生质的飞跃。此外，要注重开发教学资源管理软件，拥有强大的资源管理、资源整合、资源配置、考试大纲、知识点结构管理、试题库管理、组卷和考试管理等功能，适应教学环节中的教学资源管理、考试、作业、测验、制卷等多个方面。

从学生的学习兴趣出发，通过到与模具专业相关的企业参观、岗位见习、产业调研、技能操作体验等形式，提升学生的职业认识与职业体验，强化学生的职业态度、职业精神与职业行为习惯等。

（四）创新教学课程，开发慕课资源

在互联网信息技术背景下，人们的生活与互联网日益密切，互联网+教育将成为教育的颠覆性变革。慕课是互联网+教育背景下的新产品，这种在线网络课程受到教育领域许多学者的高度评价，慕课的引入对传统教学模式产生重大影响。

为了让微课程建设具有趣味性、故事性，团队共同探讨如何确定微课程呈现方式，确定微课资源以"问题情境、任务实施、任务拓展、任务回顾"四环节来展开。根据模具在各行各业的广泛应用，通过仿真动画的方式介绍冲压模和塑料模的类型及其生产过程；通过走进现代工业企业，各用三个实例展现利用模具生产冲压制品、塑料制品、压铸制品、锻造制品、橡胶制品等生产过程；通过走进模具企业，让学生参观中小型模具企业，了解模具设计常用的软件，了解企业里如何利用机械加工设备进行模具加工，理解典型的冲压模具和塑料模具如何进行装配和调试。通过现代企业新设备、新技术、新工艺等大量视频、仿真动画等展示，尽量以丰富的信息给学习者多感官的刺激和体验。

四、根据互聘共用原则，共培师资队伍

教师的能力和水平直接影响到高技能人才培养的质量，加强师资队伍建设，是高技能人才培养质量的重要保证。

在教学方法上，学校模具制造技术专业的课程教学方式及模式具有多样化的特征，其中包括多媒体教室上课、实训室实训、企业兼职师傅上课，以培养和提升学生的综合职业能力。另外，还要进行一体化教学方法的改革，由同一位专业教师担任理论知识教学和技能操作教学，这种方法非常注重理论教学与技能实训的沟通联系，两种形式的交替使理论知识和技能实训进行相互融合，有助于学生及时将理论知识运用到技能实训操作中去，达到较好的教学效果，也可以有效地激发学生对专业课程的学习兴趣。一体化教学将教师和学生的"教、学、做、思"进行有效融合，促进学生提升思维能力、实践能力和创新意识。此外，机电专业的教学要强化实践环节。一方面，增加核心技能的实践课程课时、采用项目式教学、企业化生产管理和要求；另一方面，进行实践性教学，专业方向与产业对接，突出专业特色，技能要求因方向而异。不同专业方向在实践动手能力培养上，达到一定的高度和熟练程度，以培养出适应能力强的人才。

在教学手段上，推行多媒体教学、网络教学、仿真软件教学等形式。在教学中大量使用图片视频资源，将枯燥的专业理论知识转化为学生感兴趣的图片视频资源。同时创设多样化的学习方式，开展网上教学，学生可以利用课余时间根据教学 PPT 进行课程的学习。网上课程还汇集了大量的模拟试题等资料，学生可以边学习，边测试自己的学习效果。另外，网上课程还可以提供许多国内外优秀教学资源，满足学生的拓展学习。仿真软件的教学使专科课程实训更为有效和安全，数控编程的正确与否通过软件模拟加工，使学生一目了然，从而提高教学质量和教学效果。

在教学组织形式方面，主要基于工作项目任务的学习。课程的理论部分采用任务驱动教学方法，实训部分实施项目驱动教学方法和小班化教学。学生以一个个具体的项目内容为载体，由简到繁、由易到难、循序渐进地进行训练，综合多学科的知识和技能，完成一系列任务和项目。在老师的指导下，学习发现问题、分析问题、解决问题的能力，同时老师引导学生获得清晰的工作思路和工作方法，体现团队合作的方式。在整个过程中，学生通过不断解决问题就会不断获得成就的喜悦，进一步激发他们的求知欲，形成一种良性循环，进而培养出学生积极探索的自主学习能力。课堂强调的是以学生为主体，引导学生从互相交流中获得问题的答案，老师作为辅助者参与到课堂过程中。强调课堂的评价内容，包括学生自我评价、小组评价、教师评价等，从而更好地激发学生自主学习的意识。例如，在进行模具零件数控线切割加工这一学习情境的学习时，将分成若干任务：线切割机床结构、线切割工艺规程设计、数控编程、机床操作、工件装夹与找正、零件的检验与调整等，同时按项目进行过程和项目管理的目标要求完成合格模具零件的交货。

在高技能人才培养模式中，由学校教师和企业师傅共同承担课程教学任务，目前的师资状况是：学校专业教师缺乏企业经验，他们基本上是大学毕业后直接在学校任教，实训指导教师有少部分是从企业引进，大部分是本校参加职业技能大赛获奖的学生留校任教或引进全国职业技能大赛获奖者。学校所谓的双师型教师大部分是具有"双证"（教师资格证书和职业资格证书）而非真正意义上的"双师"。教师对专业知识了解大多停留在理论层次，实践教学往往处于模拟状态或仿真的层次。企业兼职教师的教学能力不足，他们虽然实践经验丰富，但是教育理论缺乏，执教能力较弱，难以完成实践教学任务。高技能人才培养模式的核心就是校企双主体育人，整个人才培养过程既有学校承担的责任，也有企业承担的责任。因此，为了保障人才培养质量，双导师队伍的建设至关重要。

（一）建立"互聘共培"双导师机制

按照校企双导师互聘共用原则，可以结合学校现代学徒制试点工作的实际情况，通过与合作企业的深入沟通，建立双导师教学团队互聘共培长效机制，制订导师队伍"双提升"计划、双导师资源库建设计划。选派教师与企业专家对接，构建"校内导师"＋"企业导师"的双导师团队，发挥各自优势，建立责任明确、管理规范、成果共享双导师双向交流机制，努力实现专业教师与企业导师之间的身份互换，专业教师与企业导师以结对子的形式共同开展教学、科研活动，确保现代学徒制的教学质量。校企双方共同制定双导师的选聘条件，明确工作职责、管理及考核办法等。

（二）选拔"专兼结合"双导师队伍

1. 企业选派技术人员做企业导师，负责学徒岗位技能传授

企业导师要求从事相关行业 10 年以上，一般为应具有中级以上专业技术职称或高级工以上等级职业资格的企业专家或行业带头人。特殊情况也可聘请具有特殊技能且在行业中具有一定声誉的能工巧匠。初次聘请的退休人员，离开原工作岗位的时间原则上不超过 2 年，年龄一般不超过 65 周岁，特殊情况可据学校需要而定。企业建立带班师傅绩效考核制度，将学徒业绩与师傅工资奖金捆绑在一起考核。学校鼓励企业选派有实践经验的行业、企业专家、高技能人才和能工巧匠等担任学校的兼职教师。

2. 学校选派专业教师做专业导师，负责学徒专业理论指导与管理

学校在企业设立专业教师流动工作点，选派数控、模具、电气专业的多位骨干教师作为导师进入企业。学校导师主要负责对学生进行岗位实践目的意义、岗位实践适应性、文明礼貌、生活生产安全等岗位实践前教育，教育学生在岗位实践期间要遵守各项工作制度，培养学生形成文明安全生产的意识。继续指导岗位实践学生深化专业理论学习，学以致用，及时解答学生提出的问题。协助带教师傅做好学生技能训练的指导和各技术环节的示范，使学生尽快掌握实际操作技能。

（三）开展"交流互助"双导师培养

1. 专业教师下企业顶岗实践

通过专业教师下企业顶岗实践，推动专业教师深入了解企业的用人状况，理解专业岗位需求。教师进企业实践时可以与师傅进行面对面交流，充分了解岗位所需的专业知识，有助于课程内容的更新。同时，教师与企业师傅共同开发一些专业核心课程，将企业的一些真实案例编入校本教材，使传授给学生的知识更具有专业性和实用性，为培养高技能人才奠定基础。另外，一些科研能力较强的教师可以参与到企业的科研项目，也可与企业一起共同开发项目，对企业进行项目技术改造升级，服务地方企业。

2. 企业导师进课堂开展教学

学校鼓励企业导师多承担课堂教学任务，通过上课、备课、听课、评课等方式锻炼、提升课堂教学水平。同时，专业教师多帮助企业导师在教科研方面的成长，让企业导师综合教科研能力提升。通过与企业导师结对、交流，专业教师吸取企业岗位的新技术、新工艺，进一步提升专业实践水平。

高职院校和企业只有共同培养师资队伍，教师、师傅互教互学、共同进步，校企互惠互利，才能更好地推动现代学徒制的有效开展。根据学校双导师队伍建设方案，经过两年时间的双导师队伍建设，使机电专业逐步形成一支教学能力强、专业技术扎实的导师队伍。导师队伍在整个专业建设、日常教学、指导（自身）学生技能竞赛、企业技术服务中大放异彩，取得了许多优异成绩。

第二节　机电专业人才培养模式的实施

一、实施多元评价，共管教学过程

实行现代学徒制，企业与学校是并行的教学实施单位，企业主要承担实践教学，重点是生产性教学项目；学校主要承担理论教学和基本技能训练。因此，在教学过程中，校企双方共同考核管理学生，需要构建"以就业为导向，以检验学生职业能力为核心，以培养学生综合素质为主线"的由学校、企业（行业）、职业技能鉴定机构等多方参与的多元评价体系。通过第三方认证、校内学业评价体系、校外评价体系对学生的职业素养、职业意识、思想意识、专业技能等进行全面、全方位的科学评价，实现"学生—学徒—准员工"的顺利过渡。

（一）注重过程考核管理，开展校内学业评价

按照企业岗位需求，由校内专业教师和企业技术骨干共同修订专业课程标准，进一步明确教学内容、教学方法、教学手段、考核评价等，再由专业指导委员会最终确定。学校企业共同评价专业课程，注重过程考核。在机电专业推行任务驱动、项目引领的"行动导向"教学模式，以典型工作任务为载体，采用一体化教学方式。专业基础课程的评价主要由学校评价为主，采用学分制，过程考核与结果考核相结合，注重学生实践技能水平考核和职业核心能力考核。多元化的评价方式主要有学生自评、小组互评、教师评价等。

学生在学习过程中，通过查看每完成一个任务后过程性成绩的得分情况、周公布、月公布学科过程性成绩的得分情况，及时掌握自己的学习情况，及时发现问题，查缺补漏，努力提高学习成绩。

（二）构建导师评价体系，开展校外实习管理

学生在企业轮岗、顶岗实习期间的企业综合素养和职业核心技能考核由"实

习指导教师—企业师傅"组成的双导师来完成。校企共同制订企业岗位实践方案、学徒岗位考核与奖励方案、学徒管理制度等。

企业师傅根据企业实践情况制定相应考核内容和考核标准，对学徒的职业素养、职业态度、职业核心能力进行考核。实习指导教师负责学生思想观念、纪律观念、服从意识等的考核。

（三）引入第三方考核认证，提升学生专业素质

学校和企业安排劳动、安检、人事等职业资格鉴定机构对学生进行考核，取得国家劳动部门颁发的普通车工、数控车工、模具工、钳工、维修电工等技能等级证书，维修电工操作证等职业资格证书，实现能力考核与技能鉴定相融合，大大提高学生的专业素质。

通过科学的考核评价模式的构建，引导学校教育教学的重点从传统的知识体系向能力本位转变，从而培养出更多适合企业的高技能人才，实现学校培养和企业需求零距离接轨。

现代学徒制人才培养活动得到了合作企业的大力支持，整个教学过程通过校企共同评价和管理，教学质量得到了有力的保障，让学生充分体会到了从学生到学徒身份的转变，同时对于企业岗位技能、企业文化、学习目标有了更深层次的认识。

二、产学合作共赢，共享校企资源

在现代学徒制人才培养过程中，学校的优势在于有强大的理论、科研师资队伍，有充足的教学场地，有规范的教学管理与考核制度等。而企业的优势在于有实践经验丰富的师傅，有真实的生产岗位，有先进的生产设备和技术。因此，只有进行校企资源共享，才能实现强强联合、资源优势合理配置，最终实现人才培养质量的提升。

（一）实训师资实现人力资源共享

学校专业教师和企业技术人员人力资源的共享，是解决学校教师缺乏企业生产一线经验和企业技术人员课堂教学经验不足的关键。

学校专业教师具备较强的专业理论知识、教育教学水平和较高的学术水平，但缺乏专业实践能力。企业技术人员具备较强的岗位基本知识，包括操作技能知识、生产知识、产品工艺流程和操作规程、工件的加工工艺等，同时具备丰富的企业管理经验，掌握最前沿的新技术和新工艺知识，但缺乏课堂教学经验。学校专业教师可以定期下企业进行岗位实践，同企业技术人员一起进行教学活动，相

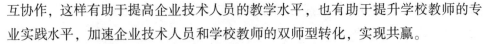

互协作，这样有助于提高企业技术人员的教学水平，也有助于提升学校教师的专业实践水平，加速企业技术人员和学校教师的双师型转化，实现共赢。

（二）实训教学实现物力资源共享

引企入校共建校内实训基地。学校将"教学性"与"生产性"有机结合，例如，机电专业数控实训基地引入机械公司，合作开展来料加工业务，承担机械零部件的加工。学校提供场所和设备，由企业负责接收订单，企业管理人员参与管理，企业聘请专业教师担任技术顾问，由学生负责生产，实现学校与企业的零距离对接。企业充分利用学校师资力量，委托学校培养适合企业所需的各类高技能人才。多模式、互惠互利的产学研合作，服务企业，实现共赢。

学校以校、政、企合作模式进行模具实训中心和研发中心的改造和建设，从政府引入资金，从企业引入技术，学校出场地，全方位地对学校教师、学生进行培养。机电专业成立模具产学研中心，主要包含教学、生产、研发三个功能的实训基地，分别是模具制作教学实训基地、数控车床教学实训基地、数控机床装调维修实训基地、加工中心教学实训基地、校内工厂生产实训基地、模具驻校企业生产实训基地、产品研发联合实验室。

建立校外实习基地，借助企业设备和生产技术优势，解决学校实训人数多而设备缺乏的状况。学校与企业共建校外实训基地，主要承担了工学交替企业岗位实践、顶岗实习、企业见习等教学任务。通过与现代学徒制合作企业在企业建立"厂中校"，学生实训即生产，能在企业真实的工作岗位上锻炼职业素质和专业技能，降低校内实训耗材，节约实习成本，实现学生技能与岗位要求相匹配，利于学生向企业员工的角色转换。同时，学生的实习顶岗可以缓解企业用工紧缺矛盾，支持企业发展，为企业创收利润，实现校企共赢。

（三）教育经费实现财力资源共享

通过实行现代学徒制人才培养模式，可以为企业培养更多的技能型人才，还可获得更多的政府和企业的经费资助，使学校专业建设得到更大发展。同时，学校利用校内资源为企业员工进行有针对性的培训，为企业输送更多高技能人才，有助于提升企业参与的积极性，企业也将对学校教育提供更多的经费支持。

三、校园对接企业，共融校企文化

校企联合高技能人才培养的宗旨就是校企双赢，而企业更加注重员工的综合素养以及对于企业的认可和归属感。

校园文化和企业文化对接融合，就是要将优秀的企业文化与学校的教育教学实际相结合，让校园文化中突出"职"的特点，形成良好氛围，有助于加强学生的职业能力养成训练，培养学生的职业核心能力，帮助学生确立正确的职业意识和理想，形成正确的职业价值观，为学生顺利实现从学生到员工的转化、实现健康成长奠定良好的基础。文化交融是校企合作、工学结合纵深推进的动力。

（一）建设职业化校园环境

1. 校园环境布置职业化信息

学校在规划校园环境时，处处体现职业化信息。橱窗布置一些企业文化信息，在教室、走廊张贴有关企业文化的格言等，宣传企业的企业精神，营造职业氛围，让学生在潜移默化中受到熏陶。

2. 实训基地营造企业化环境

实训基地借鉴大型企业车间的建设标准，设备设施都有明确的定位，在地面上画安全线和设备位置线，在墙上张贴 7S 管理标语和安全管理规定，在设备上张贴安全操作规程及设备保养规定，在宣传栏宣传质量评比、加工工艺、安全管理、质量管理、环保管理、设备管理、工具耗材管理、成本管理等内容丰富与生产实训有关的各种内容，营造真实的企业环境。

3. 企业文化融入校内实训基地

为了彰显学校现代学徒制特色，同时让学生在校期间就充分感受到企业文化的熏陶，从而增加对合作企业的认同归属感，切实提高现代学徒制试点校企联合人才培养的质量，要把企业文化融入校内实训基地。具体内容包括：现代学徒制合作企业总体情况、企业文化理念、岗位设置等情况介绍；区域经济支柱产业概况；合作企业的典型案例分析；模具、数控专业相关企业岗位技能标准；企业典型产品、学生优秀技能作品展示；实训基地岗位设置与总体运行情况宣传。以上内容通过触控一体机、电子显示屏、广告牌、展示柜等形式展现，可以整体提升实训车间的文化氛围。

（二）实行企业化学校管理

7S 是现代企业科学有效的管理方法，通过规范工作现场，改变人的行为习惯，强化规范和流程运作，提升员工素质，进而提高生产效率，在现代企业中被广泛推行。要借鉴企业管理模式，结合学校实际，积极推行 7S 教育管理，完善管理制度，创造一流的实训教学环境，注重培养学生良好的劳动习惯和职业道德，使之形成适应社会需要的良好的职业品质，有利于与企业岗位需求的衔接，加快学生的身份角色转换。

（三）开展技能文化校园活动

通过开展一系列的技能文化校园活动，把企业的职业理论、职业文化等内容不断地渗透到校园活动中。通过开设职业大讲堂，聘请企业专家进课堂；通过开设企业文化课程，让企业专家把企业创新意识、竞争意识、质量意识、效率意识等带给学生；通过举办职业素养周活动，开展职业教育实践活动；通过开展职业生涯规划活动，提升学生综合素质。高职学院每年组织学生参加职业能力大赛，参与职业生涯规划设计，确定个人目标，规划职业方向。

第三节 机电专业人才培养模式实施成效

一、学生层面成效分析

（一）学生对现代学徒制有了更深的了解

通过一段时期 6T 模式下的现代学徒制工学交替实践，学生对现代学徒制的认识有了很大的提升。这样更有助于增强他们对现代学徒制的认可度。但由于在企业工学交替的时间较短（约半年），所以从数据上看"一般了解"的还是占了多数。

（二）课程体系与岗位需求更趋符合

对课程体系与岗位需求符合度进行量化，"非常对口"记 5 分，"比较对口"记 4 分，"一般对口"记 3 分，"不太对口"记 2 分，"根本不对口"记 1 分，由此可以得到前测和后测的平均值。

对于从学生到学徒身份的转变，起初学生是不大容易适应的，对企业岗位需求与所学专业的对口率是抱着怀疑态度的，甚至还有人认为是根本不对口，这样他们就很难融入新的工作环境，不利于培养他们对新环境的适应能力。导入 6T 模式后，认可专业对口的人数显著增加，增长幅度最大的是认为"比较对口"的学生。可见通过深入企业实践后，他们对岗位的认知更加成熟，也会有一个较为客观的评价。

（三）学生专业技能水平和实践能力明显增强

通过现代学徒制的培养，学生专业技能水平和实践能力明显增强，适应岗位能力显著提高，基本解决了学生专业理论知识与企业生产时间不匹配的问题，加快了学徒职业发展速度。同时，学生通过五年高技能人才培养，就业竞争力和持续发展能力不断提高，实现了毕业与就业的良好对接。

二、教师层面成效分析

（一）构建现代学徒制的运行管理机制

量化学校教师对现代学徒制学生的精准管理的评分，"完全符合"记5分，"较为符合"记4分，"基本符合"记3分，"基本不符合"记2分，"完全不符合"记1分，由此可以得到前测和后测的平均值。通过不断完善协议类、制度类、职责类、考核类、方案类等管理办法，确保现代学徒制工作有序有效。校企共同制定《现代学徒制校企合作协议》《学校工学交替管理制度》《现代学徒制第三方评价考核办法》等运行机制，构建学校开展现代学徒制的运行管理机制，强化教师对6T模式的落实，为进一步推进现代学徒制工作奠定基础。

（二）实现课程体系与师资力量同步提升

专业教师下企业的意愿正逐步加强，意愿非常强烈的教师增长最快。专业教师到企业挂职锻炼是专业成长的必修课，企业对职校教师的重视程度正在提高。

因为在现代学徒制中，只有通过校企共同参与，构建基于企业的项目化教学课程体系，把企业岗位任务考核指标转化成学徒学业考核指标，才能实现人才培养目标与企业用人目标的统一。专业教师下企业挂职锻炼，与企业导师以结对子的形式互教互学，共同开展教学、科研活动，加速企业技术人员和学校教师的"双师型"转化，为高技能人才的培养提供了有力保障。

此外，随着专业教师技术服务能力提升，他们参与企业技术研发，为地方经济发展做出重要贡献，也增强了社会对学校的认同感。

三、企业层面成效分析

（一）解决企业高技能人才招聘难问题

量化企业对学徒管理的评分，"完全符合"记5分，"较为符合"记4分，"基本符合"记3分，"基本不符合"记2分，"完全不符合"记1分，由此可以得到前测和后测的平均值。

随着6T育人模式的推进，建立并完善现代学徒管理机构和制度的企业增长显著，尤其是在数据两端的此消彼长最为典型。可见，这一模式的推行客观上也有助于改进企业的治理能力建设，有效缓解企业结构性就业矛盾，减少企业员工流动，保障企业用工稳定。

（二）企业对学徒的考核评价机制得以完善

多数企业对学徒的考核评价机制是有的，但不够完善。这种不完善主要体现在个别企业原有的考核评价机制存在不规范和主观随意性较大的情形。由于个别企业对学徒考核评价的不规范，使学校对企业心存不满，从而降低了对这些企业的好感和就业认可度。

而6T育人模式下构建的"以就业为导向，以检验学生职业能力为核心，以培养学生综合素质为主线"的多元评价体系，是由学校、企业（行业）、职业技能鉴定机构等多方参与的，具有广泛性、科学性与规范性。实施这一多元评价体系后，企业对学生的考核评价机制趋于完善，企业的自我评价进一步提高，从而提高了学生对企业的好感和就业认可度。

（三）促进企业师傅教学能力的长足发展

在现代学徒制教学的实施中，企业师傅专业水平是毋庸置疑的，但企业师傅毕竟不是师范科班出身，教育教学能力有较大欠缺，在指导学生上必然打了折扣。而通过6T育人模式下学校与企业共同开发校本教材，共建课程体系，有力地促进了企业师傅不断学习、积极探索的工作意识，加强了师傅对工作的严谨性、规范性约束，从而提高了企业师傅的教育能力。

四、机电专业高技能人才培养 6T 模式典型案例

通过近几年的现代学徒制试点工作，一些地区企业和学校密切配合，建立并完善现代学徒制运行机制，学生专业技能水平和实践能力明显增强，学生就业竞争力不断提高，实现毕业与就业的良好对接。下面以永康为例，介绍其具体做法。

（一）招工即招生，企业主导下校企共同制订人才培养方案

永康产业转型升级带来的人才瓶颈，为永康纳税百强企业提供高技能人才已成为学校提升人才培养质量的重要契机。飞剑科技作为智能制造企业加强与学校合作，在高技能人才培养中突出企业的主导作用。一方面，作为甲方的企业在招工时便与学校的招生相结合，实现招工即招生。另一方面，根据飞剑科技作为智能制造企业对实用型、高层次、复合型人才的需求，确定人才培养目标，缓解人才培养与前沿科技、产业应用之间的迟滞及脱节。据此，企业的技术团队与学校的专业教师团队共同制订人才培养方案，切实开展企业主导下的订单式人才培养。

（二）企业即学校，企业为学生提供实战型的专业学习课堂

在企业主导的育人过程中，学生在学校学习一段时间后，进入多阶段的工学交替阶段。学生在企业所接触的是真实的战场，面对的是不同的客户追求与投资

回报的项目需求，需要全局、综合、系统地把握问题的能力。因此，在高技能人才的培养过程中，企业可以通过轮岗，训练学生从技术、市场、财务、生产运营多个角度观察公司运作的能力，从而培养出企业所需要的高素质技能人才。在具体实践中，飞剑科技将生产一线化身为学生的学习环境，将生产任务转变为学生的学习任务。为学生创设企业生产的实战情境，有助于培育企业所需要的综合职业素养，造就"准员工"。在学校专业教师的理论引领基础上，企业师傅以一对一的师徒传授形式推进"双师培育融合"。

（三）实践出真知，企业与学生反馈评价肯定模式的有效性

制造业是工业现代化的根本保障，也是新时代综合国力进步的重要产业，随着现代学徒制的不断深入，校企双方将全面推进合作的广度与深度。由点及面，将合作的专业领域从智能制造辐射到模具制造技术、数控加工、汽车产业服务等专业，并将波及第三产业，实现了学校、企业、学生的"三赢"。

机电类专业课程体系与专业实践

第一节　机电专业课程体系

一、课程体系设计思路

机电专业课程要设计以工学结合为切入点，以培养就业竞争能力和职业发展能力为目标，根据机电技术领域和职业行动能力的要求，参照相关的职业资格标准，与行业企业共同开发符合职业能力发展的课程，重构突出专业能力、方法能力和社会能力培养的人才培养方案。

在课程体系设计时结合社会发展需求，认真研究市场，与企业技术人员一起分析岗位综合能力与要求。首先通过调研产业发展趋势、人才结构与需求，明确职业岗位群，根据专业对应工作岗位及岗位群实施典型工作任务分析，得出完成典型工作任务对应的职业能力。根据能力复杂程度整合典型工作任务形成综合能力领域——归纳行动领域，根据认知及职业成长规律递进重构行动领域转换为课程——对应行动领域设置学习领域，结合国家职业技能标准要求，按照职业成长规律与学习规律对本专业的知识能力素质结构进行分解与整合，坚持以就业为导向，基础能力与专业能力并重，学历证书与技能证书并重的原则，以增强学生职业能力为主线，把就业作为突破口，构建符合职业教育特点和生产一线高素质技能要求的基于职业能力的课程体系设计。

按照以上课程体系设计思路，围绕校企互融订单式工学结合人才培养模式，构建突出"五个一致性"的课程体系。五个一致，即岗位能力与课程模块的一致性——根据岗位能力所需知识点来确定"以机械制造技术为基础，以电气控制为核心，以机电设备维修为发展方向"的课程模块；课程内容与生产实际的一致性——由生产实际需要来重构教学内容，根据专业学习领域标准，设计学习情境，学习情境通过具体的项目、任务来体现，项目、任务来源于生产实际；校内实训与企业工作的一致性——将企业岗位技术要求引入课程实训，基于工作流程构建学生基本能力训练内容，将对应的工程案例嵌入教学体系中，将项目分解若干子任务，开发项目教学型课程；校内课程考核与岗位技能考核的一致性——把行业标准作为课程考核的依据，制定融合职业标准和行业标准的能力训练模块考核标准、考核方法；学校管理与企业管理的一致性——学校管理企业化。

二、机电一体化专业教学与鉴定相结合的课程体系

机电一体化专业学历教育与机电一体化技工的职业资格标准是确定课程体系的主要依据，机电一体化技工职业资格包含维修电工操作员、机床操作员、CAD操作员、设备管理员等。把专业教育的内容与职业资格证书培训内容相互融合，把职业资格标准作为学历教育的内涵要求引入教学中，构建教学与鉴定相结合的机电一体化专业课程体系。

根据机电一体化技工职业资格标准，从事的职业岗位所需的知识、能力、素质，进行课程设置、教学安排。在整合课程内容时，在理论知识方面，要达到高职学生必备的专业文化知识和机电一体化技工应知要求。在技能模块方面，学生必须达到专业技能的要求，同时也要达到机电一体化技工应具有的技能要求。

第二节　机电专业校内见习

通过大一新生进行校内实训基地和校外实践基地的实地参观、听讲解，亲自动手操作，即专业见习，可使学生对专业的内涵有一个直观的认识，对今后学生就业很有帮助。

校内见习是在校内实践基地开展实践教学，提高学生实践动手能力的必备场所。在我国高等职业教育中，校内实践基地承担了实践教学的大部分任务，是学

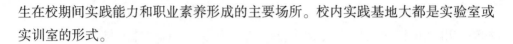

生在校期间实践能力和职业素养形成的主要场所。校内实践基地大都是实验室或实训室的形式。

一、校内实践基地的主要功能

校内实践教学基地的主要功能是开展实践教学和培养学生的职业素质。实践教学的内容有对应专业基础课程的一般技能训练，对应专业课程的专业技能训练，对应课程设计与毕业设计的综合技能训练，还有对应素质教育的工业化训练以及对应工种考核的专门化训练。

职业素质培养是校内实践教学基地教学工作的重要任务，但它又独立于教学工作，有其独特的含义。如实践教学基地面向所有工科类专业开设电工、金工、电子等方面的基本训练课程，既能让学生了解有关机电的基本知识，初步具有一般的相关技能，又能使学生熟悉工业生产对劳动者的基本要求，接受"工业"的熏陶。实践教学本身对学生职业素质的影响也是十分明显的。通过实践教学中的合作与分工可以加强学生团结协作的精神；通过综合性、创新性的训练项目可以强化学生刻苦钻研、勇攀科学高峰的意志；通过开放性、自主性实训，可以培养学生独立思维与自立的能力；通过各种流程的训练，并开设安全与质量管理的相关课程或讲座，可以培养学生的质量意识与安全意识等。

开展职业技术培训、技能鉴定和职业资格认证是校内实践教学基地应该承担的另一重要任务。随着我国职业教育的发展，就业准入制度的逐步推行，高职院校校内实践教学基地作为地区职业技能培训、职业技能鉴定与职业资格认证中心的功能将越来越得到强化。因此，在校内实践教学基地建设过程中，应该使这一功能得到充分发挥，使之成为本地区职业技能培训和职业技能鉴定的中心。具体来说：一是要加强实践教学内容的改革，使学生接受的职业技能训练与国家资格证书认证全面接轨，实践教学的课程设置、教学计划与教学大纲要涵盖职业资格证书的要求，逐步开通高职教育与中高级职业资格证书的"直通车"。二是要充分利用校内实践教学基地的教学资源、人才和技术优势，与劳动部门及有关行业协会积极合作，开发新的职业资格和技能等级标准证书，以促进职业技术教育与地方经济发展的紧密结合，推动地区的技术进步和社会经济发展。三是加大职业技能培训力度。校内实践教学基地除承担在校学生的职业技能训练任务外，还应面向社会积极开展职业技能培训，使之成为本地区职业技能的培训基地。

二、校内实践基地

每个学院的机电一体化技术专业都有校内实验室，尽管名称、设备、功能会

存在一定的差别，但其实质差别不大。

（一）电工实验室

电工实验室主要承担机电一体化技术、电气自动化技术、电子信息工程技术等专业的《电工基础实验》教学任务。通过电工实验教学，学生可对直流电路与交流电路基本知识有更深入的理解，初步掌握常用电工仪器仪表的使用及操作方法，掌握电工实验的基本原理、基本方法和基本技能，提高实践动手能力，进一步巩固所学的理论知识，为后续专业课程的学习打下基础。

主要设备、仪器：电工技术实验箱、直流稳压电源、万用表等。

主要实验项目：基尔霍夫定律的验证、戴维宁和叠加定理的应用、RC 电路和 RLC 串联谐振电路的特性、日光灯电路及功率因数的提高、三相交流电路的测量等。

（二）模拟电子技术实验室

模拟电子技术实验室主要承担机电一体化技术、电气自动化技术、电子信息工程技术等专业的《模拟电子技术实验》及《模拟电子技术实训》教学任务。通过该实验室的实验（实训），使学生掌握常用电子仪器仪表的使用及操作方法，掌握模拟电子技术实验的基本原理、基本方法和基本技能，加深基本理论和基本概念的理解；提高发现问题、分析问题、解决问题的能力；激发学习兴趣，启迪创造性思维；初步具有模拟电子线路的设计、安装与调试能力。

主要设备、仪器：模拟电子技术实验箱、示波器、函数发生器、交流毫伏表等。

主要实验项目：电子元器件的识别与测量、单双管交流放大电路、负反馈放大电路、集成运算放大电路、RC 正弦波振荡电路、差动放大电路、整流滤波电路等。

（三）数字电子技术实验室

数字电子技术实验室主要承担机电一体化技术、电气自动化技术、电子信息工程技术等专业的《数字电子技术实验》及《数字电子技术实训》教学任务。通过该实验室的实验（实训），掌握数字电子技术实验的基本原理、基本方法和基本技能，加深基本理论和基本概念的理解；初步具有数字电子线路的设计、安装与调试能力。

主要设备、仪器：数字电子技术实验箱、数字万用表等。

主要实验项目：门电路功能测试、门电路参数测试、组合逻辑电路设计、加法器、译码器、编码器、数据选择器、触发器、计数器一、计数器二及电路的应用等。

（四）电力拖动实验室

电力拖动实验室主要承担机电一体化技术、电气自动化技术等专业的《电机与拖动实验》《电机与继电器控制技术实验》《工厂供电实验》等教学任务。通过该实验室的实验，学生可进一步巩固和加深电动机与拖动基础知识的理解，了解工厂变配电所及一次系统、二次系统的保护，正确使用仪器设备，掌握变压器的参数测试方法、电机调速的控制方法，掌握高、低压一次设备电器的作用，了解工厂一次系统图绘制方法、二次线路的分析方法等，为后续专业课程的学习及从事电力技术工作打下基础。

主要设备、仪器："XK-DTJH 电机拖动实验系统"、高压柜、电工测量仪表。

主要实验项目：变压器参数测试、三相异步电动机机械特性测试、直流电动机机械特性测试、供电系统认识、供电倒闸操作、一次系统图绘制、二次电路分析等。

（五）电气控制实训室

电气控制实训室主要承担机电一体化技术、电气自动化技术等专业的《电机与电气控制实验》《电工实训》等教学任务。实训室为理实一体化实训室，完全满足基于工作过程的项目化教学的要求。通过该实训室实验（实训），学生能设计电气控制系统原理图、安装接线图、元器件布置图；能根据控制系统要求进行常用低压电器的选型；能安装、调试与检修常用机床电气控制电路；能安装、调试与检修典型纺织设备电气控制电路。

主要设备、仪器：网孔板、万用表、常用低压电器、常用电工工具等。

主要实训项目：三相异步电动机正、反转控制电路的安装与调试、三相异步电动机星三角控制电路的安装与调试、双速电动机控制电路的安装与调试、C6140 车床控制电路的安装与调试等。

（六）PLC 与变频技术应用实训室

PLC 与变频技术应用实训室主要承担机电一体化技术、电气自动化技术等专业的《PLC 与变频技术应用实验》《变频器技术应用实验》《PLC 实训》等教学任务。通过该实训室的实验（实训），学生会根据系统控制要求正确选用 PLC 与变频器；会根据控制要求正确编写 PLC 程序与设定变频器参数；会用 PLC 与变频器设计较复杂的电气控制系统；会用 PLC 与变频器对继电控制系统进行技术改造；会安装、调试与检修较复杂电气控制系统。

主要设备、仪器：PLC 实训设备、计算机、常用电工工具等。

主要实训项目：多种液体自动混合装置的 PLC 控制、全自动洗衣机的 PLC

控制、交通信号灯的 PLC 控制、小型货物提升机的 PLC 与变频器控制、PLC 与变频器在某机电设备中的应用等。

(七) 单片机实训室

单片机实训室主要承担机电一体化技术、电气自动化技术等专业的《单片机技术实验》《单片机技术及工程应用》《单片机实训》等教学任务。通过该实训室的实验（实训），学生能根据控制要求进行常用单片机的选型；能根据控制要求设计单片机硬件电路；能根据控制要求编写单片机控制程序；能安装、调试与检修单片机控制电路；能正确使用单片机开发系统等。

主要设备、仪器：单片机（如 Mcs-51）实验箱、计算机等。

主要实训项目：8051 单片机 P3/P1 口应用、AD0809 模数转换应用、DA0832 数模转换应用、步进电动机的单片机控制、直流电动机的单片机控制、8279 键盘显示接口技术。

(八) 自动化生产线实训室

自动化生产线实训室主要承担机电一体化技术、电气自动化技术等专业的《自动化生产线安装与调试》《机电一体化实训》等教学任务。该实训室选用的设备为生产线，每条生产线上一般有安装送料、加工、装配、输送、分拣等工作单元，构成一个典型的自动生产线的机械平台。通过该实训室的实验（实训），学生能根据控制要求进行常用传感器、气动元件的选型；能安装调试与检修自动化生产线；能使用触摸屏组建工业网络监控系统；能使用 CC-LINK 进行工业网络控制；能用 PLC 实现步进电动机、伺服电动机的定位控制。

主要设备、仪器：自动化生产线、计算机、数字万用表等。

主要实训项目：自动线供料单元的安装调试与检修、自动线机械手单元的安装调试与检修、自动线加工单元的安装调试与检修、自动线搬运单元的安装调试与检修、自动线分拣单元的安装调试与检修、自动线装配单元的安装调试与检修等。

(九) 自动化综合实训室

自动化综合实训室主要承担机电一体化技术、电气自动化技术等专业的《机电控制系统调试与检修》《机电一体化实训》等教学任务。通过该实训室的实验（实训），学生能进行简单机电控制系统硬件设计与软件设计；能安装、调试与检修常见机电控制系统；能根据控制要求改造机电控制系统。

主要设备、仪器：单轴控制实训装置、双轴控制实训装置、立体仓库实训装置、机械手实训装置、分拣装置、过程控制实训装置、电梯实训装置、计算机、数字万用表等。

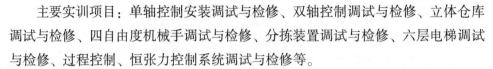

主要实训项目：单轴控制安装调试与检修、双轴控制调试与检修、立体仓库调试与检修、四自由度机械手调试与检修、分拣装置调试与检修、六层电梯调试与检修、过程控制、恒张力控制系统调试与检修等。

（十）机电一体化实训室

机电一体化实训室主要承担机电一体化技术、电气自动化技术等专业的《机电一体化技术》《机电一体化实训》等教学任务。通过该实训室的实验（实训），学生能够掌握机电一体化应用技术，掌握人机界面的使用，掌握运动控制技术、总线控制技术、过程控制技术等。

主要设备、仪器：机电一体化实训设备。

主要实训项目：运料小车 PLC 控制系统设计制作、染色用化料筒 PLC 控制系统设计制作、数控加工中心刀具库选择地 PLC 控制、PLC 与变频器在工业洗衣机中的应用等。

（十一）电力电子与调速系统实训室

电力电子与调速系统实训室主要承担机电一体化技术、电气自动化技术等专业的《电力电子技术》《变频技术应用》等教学任务。通过该实训室的实验（实训），学生可掌握现代电力电子器件的特点；掌握常见整流、逆变电路的工作原理；掌握触发电路的调试、检测方法；掌握单闭环电路的调速特点及应用；掌握双闭环电路的调速特点及应用。

主要设备、仪器："MC-H 电力电子技术实验装置"、示波器等。

主要实训项目：单结晶体管触发电路及单相半波电路研究、单相桥式整流电路研究、三相全控桥整流电路研究、单相交流调压电路研究、晶闸管调光灯电路的组装与调试等。

（十二）气动控制实训室

气动控制实训室主要承担机电一体化技术、机械制造等专业的《气动控制技术实验》《机电一体化技术实训》等教学任务。通过该实训室的实验（实训），学生能根据控制要求进行常用气动元件的选型；能根据控制要求设计气动回路和控制电路；能根据控制要求编写 PLC 程序；能安装、调试与检修气动控制系统。

主要设备、仪器：透明液（气）压实训台。

主要实训项目：单作用气缸的换向回路、双作用气缸的换向回路、单作用气缸的速度调节回路、双缸顺序动作回路、逻辑阀的运用回路。

（十三）数控机床维修实训室

数控机床维修实训室可满足《数控机床电气控制》等课程的教学，为方便学生了解各部分的具体构成，通过三维工作台来模拟数控铣床的运动。三维工作台采用滚珠丝杠传动，精密准确，并有主轴电动机运动等数控机床机械部分机构。学生通过学习，可以掌握数控机床的组成，数控系统的使用与维护，数控机床常见故障的分析与处理。

主要设备、仪器：数控机床维修实训台。

主要实训项目：数控机床机械结构实验、数控系统的编程与操作、进给伺服系统的调试与检修、主轴控制系统的调试与检修、数控机床参数的设置等。

（十四）AutoCAD 实训室

AutoCAD 实训室是满足《工程制图》课程教学而筹建的实训室，实训室配有 AutoCAD、电气制图软件。学生通过学习，可以锻炼计算机制图的技能。

主要设备、仪器：计算机、投影仪。

主要实训项目：平面图绘制、平面图出图、立体图绘制、立体图转平面图出图。

（十五）大学生创新实训室

大学生创新实训室是为学生进行科技创新活动而筹建的，实训室设备配置功能齐全，可靠性高，技术先进，有利于学生工程实践能力和学生科技创新能力的培养；该实训室可为学生参加各种电子竞赛、"挑战杯"大赛、科技节、学生课程设计、毕业设计等提供学习、培训、和实施的相关设备仪器和场地。

主要设备、仪器：电子元件器、电烙铁、万用表、单片机开发机、编程器、机器人散件一批、步进电动机、伺服电动机、PLC 及特殊功能模块等。

第三节　校外专业见习

为了给学生提供真实的工作环境，实现学习和就业零距离接轨，结合顶岗实习，在建好校内实践基地的同时，积极拓展校外实践基地，加强学生校外见习。充分利用社会资源，与各行业企业建立良好的协作关系。校外实践基地是校内实践基地的补充，它的作用是校内基地无法替代的。校外实践基地与校内实践基地互为依托、缺一不可。

校外实践基地一般设在正常运转的企业，以一系列考勤、考核、安全、保密等规章制度及员工日常行业规范来真实地约束学生，使学生在实训期间养成良好

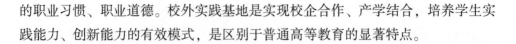

的职业习惯、职业道德。校外实践基地是实现校企合作、产学结合，培养学生实践能力、创新能力的有效模式，是区别于普通高等教育的显著特点。

一、校外参观内容及要求

（一）参观内容

通过企业车间现场参观、与企业技术人员的交流，同时邀请企业老师进行产品介绍、产生流程讲解等，使学生对以下六个方面有一定认识：①了解企业的发展概况，实际生产情况；②了解纺织企业的生产工艺流程及设备配置情况；③了解企业对机电类专业人才的需求和对专业知识的要求；④了解企业管理的各项规章制度；⑤了解企业对机电类专业人才的素质需求；⑥明确本专业的教学目标。

（二）参观要求

为了确保参观效果及教学安全，要求学生在参观时做到以下几点：①严格要求自己，服从指导老师安排，尊重师傅，积极主动地向师傅请教；②在参观过程中，未经许可不要触碰企业相关设备；③自觉遵守实习单位的劳动纪律和企业规章制度，维护正常的生产秩序，爱护公物，如有损坏、遗失，按实习单位有关规定处理；④自觉跟随参观队伍，如有特殊原因应向带队老师说明后方可自由行动；⑤集体出行，组长带队，遵守交通法规，确保交通安全；⑥认真做好参观记录及个人心得，参观结束后提交企业参观总结报告。

二、校外参观的准备工作

校外实训基地承担学生的专业综合实训、企业跟班实习、企业顶岗实习等教学环节，同时学院还聘请企业一线技术人员参与课程教学。专业认知阶段，应根据专业的不同，选择至少两家企业，作为新生校外参观的对象。

校外参观的企业确定后，校方应与企业进行沟通，确定企业内部的参观路线，尽量满足学生需要参观的内容，最大限度地减小学生参观时对企业产生的影响，最大限度地保证学生的安全。

企业应安排人员对企业的概况进行介绍，并安排技术人员对产品的功能、使用场合、生产工艺、技术原理等进行讲解。对技术方面的讲解，应浅显易懂，适合新生对专业还没有任何认识的实际情况。

三、自动化生产线介绍

校内实训室和企业参观的目的，是让大一新生对学习环境、机电一体化技术、企业环境、企业产品、企业生产现场有一个初步的认识。因而，在选择参观对象时，应该选择机电一体化技术具有行业代表性的实训室和企业，其产品是行业的典型产品，其技术含量高、生产工艺先进，且企业管理规范。

学生在教师的指导下进行参观。教师需结合实际，尽可能地从专业的角度引导学生去看、去想、去问、去思考。

自动化生产线是机电一体化技术的典型产品。了解自动化生产线，有利于学生的专业见习。自动化技术广泛应用于工业、农业、军事、科学研究、交通运输、商业、医疗、服务和家庭等方面。

20世纪20年代，随着汽车、滚动轴承、小型电动机和缝纫机等工业的发展，机械制造中开始出现自动生产线，最早出现的是组合机床自动线。第二次世界大战后，在工业发达国家的机械制造业中，自动线的数目急剧增加。

自动生产线是在无人干预的情况下按规定的程序或指令自动进行操作或控制的过程，其目标是"稳、准、快"。采用自动生产线不仅可以把人从繁重的体力劳动、部分脑力劳动以及恶劣、危险的工作环境中解放出来，而且能扩展人的器官功能，极大地提高劳动生产率，增强人类认识世界和改造世界的能力。

自动化生产线是机电一体化技术的典型应用，是现代工业的生命线，机械制造、电子信息、石油化工、轻工纺织、食品制药、汽车生产以及军工等现代化工业的发展都离不开自动化生产线的主动和支撑作用。

（一）自动化生产线的概念

自动化生产线是在流水线和自动化专机的功能基础上逐渐发展形成的自动工作的机电一体化的装置系统。通过自动化输送和其他辅助装置，按照特定的生产流程，将各种自动化专机连接成一体，并通过气动、液压、电动机、传感器和电气控制系统使各部分的动作联系起来，使整个系统按照规定的程序自动地工作，连续、稳定生产出符合技术要求的产品。

采用自动化生产线进行生产的产品应有足够大的产量；产品设计和工艺应先进、稳定、可靠，并在较长时间内保持基本不变。在大批量生产中自动线采用统一的控制系统、严格的生产节拍，能提高劳动生产率，稳定和提高产品质量，改善劳动条件，缩减生产占地面积，降低生产成本，缩短生产周期，保证生产均衡性，有显著的经济效益。

机械制造业中切削加工自动线在机械制造业中发展最快、应用最广。主要有：用于加工箱体、壳体、杂类等零件的组合机床自动线；用于加工轴类、盘环类等零件的，由通用、专门化或专用自动机床组成的自动线；旋转体加工自动

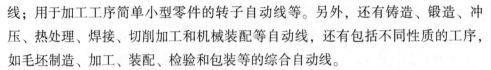

线；用于加工工序简单小型零件的转子自动线等。另外，还有铸造、锻造、冲压、热处理、焊接、切削加工和机械装配等自动线，还有包括不同性质的工序，如毛坯制造、加工、装配、检验和包装等的综合自动线。

（二）自动化生产线的连接

自动线中设备的连接方式有刚性连接和柔性连接两种。在刚性连接自动线中，工序之间没有储料装置，工件的加工和传送过程有严格的节奏性。当某一台设备发生故障而停歇时，会引起全线停工。因此，对刚性连接自动线中各种设备的工作可靠性要求高。

在柔性连接自动线中，各工序（或工段）之间设有储料装置，各工序节拍不必严格一致，某一台设备短暂停歇时，可以由储料装置在一定时间内起调节平衡的作用，因而不会影响其他设备正常工作。综合自动线、装配自动线和较长的组合机床自动线常采用柔性连接。

（三）自动化生产线的组成

自动化生产线通常由控制系统、执行元件、检测装置、传输系统、工艺处理单元、驱动系统等部分组成。

机电类专业实践教学评价

第一节　机电专业实践教学评价体系的构建

一、高职实践教学评价体系研究综述

实践教学体系研究必须吸收和借鉴其他学科的观点和方法。在综合考察实践教学性质和特点的基础上，可以看出，实践教学研究不仅和教学论紧密相关，而且与哲学、知识观、学习论密不可分。它们不仅为实践教学设计提供技术上的参考，也为人们认识教育对象、确立教学目标以及选择教学内容等提供重要的参考。哲学与教育紧密相连，教学理论往往是哲学思想的反映。马克思主义的实践观和技术哲学观是研究实践教学思想重要的哲学基础。对技术哲学中相关问题的探讨有助于我们解答在职业教育教学中应确立什么样的课程体系及教学模式，有利于我们对职业教育中"技术"内涵的把握。现在，高职教育教学正在从以教为中心转型到以学为中心。这个转型表示实践教学理论应该以学习论为基础和核心来探讨知识学习和行为塑造的理论机制，并作为课堂教学方法、原则的基础。实践教学体系在获得了哲学、知识观及学习论的支持外，还汲取得了教学论的精华，对职业教育教学的影响比较深远。

二、高职机电专业实践教学评价体系的构建

对高职机电专业实践教学进行评价，不仅能鞭策学生，更是督促学校重视实

践教学、保证高职机电专业实践教学质量的有效途径，实践教学评价体系是否科学，直接关系到评价的效果能否达到。

高职实践教学环节是职业技术院校的重要教学活动，高职教育的特色就在于其实践教学环节。教育部明确要求高职机电专业实践教学要走以就业为导向，产学结合的发展道路，要把工学结合作为高职机电专业实践教育人才培养模式改革的重要切入点，指导课程设置、推动专业调整与建设、教学内容和教学方法改革。实践教学评价指标体系是由若干个指标构成的有机整体，每个指标都要从一个侧面反映高职院校机电专业实践教学环节状况，各独立指标之间需要相互关联、相互约束、相互完善，形成指标的最佳组合，从而使指标体系优化。

建立高职机电专业实践教学评价指标体系，首先要符合高职机电专业教育规律和高等技能型专门人才培养的规律，注重反映高职机电专业实践教学的基本特征；其次还要使得每一项评定指标都必须经过科学论证，能反映高职机电专业实践教学质量特性，各指标名称、概念要科学、确切。构建评价指标时，首先要突出导向性原则，即明确评估什么、怎样评估和评估了起什么作用这样几个问题，指标体系要突出重点，引导方向，考虑差异，分类指导，定量为主，定性为辅；其次要注意可操作性原则，即要集中主要精力抓住关键问题、解决主要矛盾。

第二节　机电专业实践教学评价体系的管理

高职院校机电专业实践教学体系的实施，政府、企业和高职院校等各方面应一起努力，团结合作。政府代表国家为实践教学提供资金、政策等支持，加大相关法律法规的建设力度，加大支持机电专业的建设力度；企业是高职机电专业就业的主要路径，企业为了企业所需的人才，要为高等职业教育机电专业实践教学提供必要的资金、师资实习场所支持；高职院校更要加强自身建设，加强机电专业实践教学环节的建设和管理。

一、高职机电专业实践教学的管理要点

高职院校机电专业实践教学体系作为教学体系的一种类型，自然具有一般高职专业实践教学体系的要素特征。一个完整的实践教学体系必须具备驱动、受动、调控和保障功能，才能有序、高效地运转，从而实现目标。从实践教学最本

质、最基础的要素出发，实践教学体系主要包括教师、课程与学生这三个因素，离开了这三个要素便不能称其为实践教学。

从广义的概念来说，高职院校机电专业实践教学体系是由高职院校机电专业实践教学目标体系、内容体系、管理体系和条件支撑体系所构成的整体，在高职院校机电专业实践教学体系运行中，各体系既要发挥各自的作用，体现各自的功能，又要相互协调和配合，以实现高职院校机电专业实践教学体系的总体目标。

高职机电专业课程设置应根据机电行业发展的需要，以提高高职机电专业学生的职业素质和社会需要的适应能力为核心，以职业能力的培养为基本要求，以岗位群的需求为依据，采用核心技术课程设置一体化（以专业核心技术为中心设置相关的课程）和"四层两段一贯穿"（四层：公共课、专业理论、专业实验和实训模块）的课程体系及"相互平行、融合交叉"的理论实践教学体系，实行分阶段进行实践教学、模块训练型课程模式，由基础向专业、专长最后到实践应用方面发展，而专业技能的训练则在整个学习过程中贯穿始终。

高职院校机电专业实践教学在国内还处在探索阶段，还存在着一些问题，只要针对问题及时调整改进，就一定能取得较大的发展。从社会各方面的环境、硬件状况来看，高职院校机电专业实践教学硬件环境的改善涉及经济能力状况，目前看来完全依靠政府大量的下拨资金来解决是不现实的，而靠企业来承担实践教学任务或提供资金支持难度也很大。目前，大部分高职院校的机电专业教学中理论课时量所占比重过大，内容过多过理论化，对于新工艺、新技术、新的实践教学软件的训练较少，实践教学滞后于高新科技的快速发展。导致高职院校机电专业实践教学体制与运行机制不利于行业、企业参与高职机电专业的实践教学。

二、高职机电专业实践教学的现状

重点发展机电一体化技术等优势专业，并以此为基础，带动数控技术、机电设备维修与管理、模具设计与制造等专业群建设。主动适应和满足机电行业对机电技能型人才的需求，把各专业建设成技术水平高、综合实力强，具有较高知名度，部分专业具有一流水平的高职教育专业。

当前，高职院校的机电一体化专业在原来机电专业的基础上得到快速发展。机电一体化技术专业人才培养目标是培养具有良好职业素质的德智体美全面发展的、服务于生产一线的高等技术人才、管理人才和技能人才。据调研，现在机电一体化专业成为机电专业的主要发展方向，对学生的综合素质要求是动手能力强、自我学习能力强、工作踏实、敬业精神强、适应性强等。

（一）机电专业实践教学内容设置现状

机电专业技能培养包含专业基本技能培养、专业单项能力培养、专业综合能力培养。专业基本技能培养由实验课完成，主要培养学生应具有的基本专业技能。具体有计算机应用实验、电工技术实验、CAD 绘图实验、电子技术实验、可编程控制器 PLC 实验、单片机实验、数控编程及操作实验、CAM 软件实验、高级语言程序设计、实验网络技术实验。专业单项能力培养主要通过各门课的课程设计或生产实习、实训、证书培训完成，培养学生进行某单项工作的能力。具体有制图测绘实训、电工实训、CAD 绘图实训、电子实训、机械设计课程设计。专业综合能力培养主要通过项目教学综合训练、毕业设计及顶岗实训完成。在掌握专业技能的基础上，以一个工程技术人员的身份到有关生产单位参加实际工作，综合应用所学知识和技能，解决生产实际中的有关问题，达到毕业就业上岗的目的。具体有金工技能实训、机制工艺设计实训、数控编程及操作实训、CAM 软件（MasterCAM）综合实训、机电设备故障诊断实训、顶岗实习、毕业综合设计、实习。

根据培养目标和职业技能鉴定考核的要求，建立以职业技能训练模块为主体的基本技能、专业技能、综合技能实训组成的相对独立的实践教学体系。模块包括若干实训课程，并配有实训大纲，每门实训课程由若干独立的基本训练单元组成。系列实训课程主要包括金工实训、测绘及 CAD 绘图、机械设计基础课程设计、电工电子实训、数控机床编程与操作实训、CAD/CAM 软件应用实训、可编程控制实训、毕业顶岗实习、毕业设计等，占总课时的 50% 以上。

学校机电专业实践教学将专业技能培养贯穿在三年学习过程中，逐年加强训练，提高效率。为了提高教学效果，达到专业技能培养目标，学校改革实践教学的形式，减少演示性、验证性实验，增加综合性实训，逐步形成抓好专业基础技能训练，增强专业技能训练，提高综合业务能力，并把职业素质培养有机结合的实践教学体系。

学校机电专业实践教学中引入职业资格证书或技术等级证书，实施"多证书"教育。学生毕业时，除了必须通过所学的各门课程并获得英语、计算机相关等级证书之外，还必须获得至少一个与专业相关的职业资格证书或技术等级证书。本专业毕业生应取得的职业资格证书或技术等级证书有：①全国高新技术考试（计算机辅助设计 CAD 模块）证书；②加工中心中级操作工资格证书；③车工中级操作工资格证书；④工具钳工中级操作工资格证书；⑤中级或高级电工资格证书。

为了加强实践训练效果，使学生切实获得良好的专业能力，高职院校对原有的一些实训实践项目做了相应的调整。同时，大幅度提高实验、实训实践项目的训练课时，使其与理论教学课时基本达到 1 : 1 的比例，使学生有更多的实践时间。

（二）实践教学的师资现状

要培养具备较高素质的人才，教师必须具备更高的能力、水平和素质。教育质量的关键在于高质量的师资队伍。要培养学生的专业实践能力，教师本身必须具备较强的专业实践能力、创业能力和创新意识，在相应的学术领域中获得创造性的成就。高职院校在双师型教师培养过程中，不只满足取得技能等级资格证书，还着力对双师型教师进行专业能力结构性调整和优化，为教师参与生产实践、提高解决实际问题的专业能力创造条件，优化教师的专业能力结构。学校主要通过以下几个途径来实现：一是有计划、有针对性地安排专业教师进厂锻炼，了解企业新设备、掌握新技术；二是通过校企合作，在相关企业建立校外实习基地，提供教师参与指导学生生产实习和教师亲自参与生产实践，提高生产实践能力的机会；三是鼓励教师通过各种方式主动与企业挂钩，利用假期寻找实践锻炼的机会和场地，提高技能；四是建立专业教师校本培训制度，让专业教师熟悉实验实习设备的使用性能、维修技术，增强动手能力。通过这些措施，大大提高了专业教师的实践能力。目前，机电一体化技术专业形成了一支理论和技能过硬的双师型教师队伍。由于兼职教师具有丰富的实践经验，在指导过程中能够更紧密结合工程实际，学生在接受指导过程中收获很大，为今后走上工作岗位，更好地胜任岗位工作创造了条件。为了加强专业建设，体现专业办学特色，拓宽专业服务方向，提高人才培养规格，高职院校机电一体化技术专业可成立由行业专家、企业工程技术人员、管理人员和本专业教师组成的专业建设指导委员会，为更好地发展机电一体化专业创造条件。

（三）实践教学所获得的成果

高职院校机电专业实践教学做到三年不断线，一年级主要进行基本技能实训，使学生掌握本专业的基本操作技能，如金工实训、电工实训等；二年级主要进行专业技能实训，使学生熟练掌握本专业要求的各项专业技能，如单项课程实验实训、数控实训；三年级主要进行综合技能实训，进行机电一体化综合实训，开展顶岗实习，进一步加强岗位职业技能和职业素质的培养，实现从学生到职业岗位工作者的"零距离"。在校期间，组织学生参加职业技能鉴定考核，使学生获得相应的职业资格证书。

通过实践教学，高职院校机电专业毕业生的专业综合能力得到普遍提高。从实验、实训和实践课程的教学情况看，学生学习认真、工作勤快，善于总结，积累了一定的动手能力和实际操作能力，能解决实际工作中出现的一些问题。从毕业综合实践与设计来看，学生能很好地收集并处理与生产实际有关的信息和资料，合理地应用到毕业设计上，从而使毕业设计的效果和质量都能达到标准。

（四）实践教学方面存在的问题

1. 办学资金紧张

近几年，高职院校基本建设投资不断增加，因此，银行有贷款，建筑单位有垫资。每年收取的学生学费，除维持学校日常开支外，主要是还贷款、垫资以及利息。国家除教职工工资和办公费用外，其他的拨款较少，学校经费非常紧张，严重影响了教学投入。

2. 教师队伍不能适应专业教学要求

教师数量仍然不足，生师比超过了 1：18。年龄结构和职称结构不合理，总体年龄偏大，高级职称比例很高，而中青年老师数量较少，尤其突出的是双师型教师队伍数量不足，实际动手能力不强等。

3. 教学实验、实训设备更新不及时

近年来，受机电人才需求增长的拉动，学校在机电专业的教学设备上有不少的投入，但教学设备的增长速度明显低于学生数量的增长速度，总体上讲教学设备的投入还显不足，设备台数、种类不够，先进技术项目训练不够。

4. 实质性的校外实训基地缺乏

虽然建立了一些校外实训基地，但运作很成功的不多。一些企业为了生产保密、安全等原因，不欢迎学生进入企业进行实质性的实习，只能让学生进行一般性的参观，达不到实习效果。

5. 难以与企业、行业建立密切的联系

高职院校的机电专业只有与企业行业建立一种非常紧密的关系，进行广泛的合作，才有利于学生职业技能的培养。难以找到合作办学的机电企业；有的企业缺乏积极性；外地的企业虽然同意接收学生的顶岗实习，但他们的目的是把学生当作廉价劳动力使用，实习的效果不佳。

三、完善高职机电专业实践教学的建议

（一）高职院校自身的职责

1. 充实机电专业实践教学内容和完善教学手段

要降低高职机电专业的理论教学的深度和难度，加强实践教学的针对性和实

用性，增加高职机电专业实践教学在整个教学计划中的比重。机电专业学生的职业技能包括专业技能、技术应用或综合技能训练以及从事专业工作所必需的技能，要不断地充实实践教学内容，以职业岗位能力为目标，增加与生产岗位相近的实际操作性实训，减少传统教学中的演示性、验证性实验项目，使学生逐步掌握基本的综合实践能力、专业技术应用能力及实际操作能力。强调学生的操作能力，毕业生直接面对生产和管理第一线，工作中担负着将科研成果转化成具体的产品，或将高等技术直接应用于生产实践的任务。在教学实践中，要采用到企业进行参观实习、在校内车间进行实训、进行模拟操作训练、到企业进行顶岗实习等形式。

2. 加大双师型师资队伍的建设力度

高职院校在教师队伍建设中，要加大双师型教师的素质培养。高职院校要坚持以提高教师综合素质为核心，加强教师的师德、教风、学风和创新能力的培养；坚持以双师型教师培养为重点，加快师资培养速度；坚持以培养、引进专业带头人为龙头，促进师资队伍梯队建设。同时，要切实加强新时期职业教育教学工作和实践能力的培养，努力建设一支与高职院校发展相适应的结构合理、素质优良、业务精湛、富有活力的高水平的双师型师资队伍。国外校企合作职业教育模式的成功，就是培养双师型教师的成功。虽然我国职业教育在法律体系、相关行业企业组织有效参与等诸多方面存在问题，但是着眼于双师型教师队伍的建设，就是校企合作最现实的选择。只有有一支师德高尚、教育观念新、具有较高教学水平和较强实践能力的教师队伍，在人才培养、产学研结合等方面发挥了很好的作用，才能有力地推动高职院校的持续健康发展。加大双师型教师培养力度，提高专任教师实习、实训指导能力促进双师型教师比例逐步提高。具体做法是：一是引进教师时，注重引进具有双师型教师职称的人员。二是鼓励专业教师成为双师型教师，支持具有教师以外中级及以上职称的专业教师申报高校教师职称，帮助有教学职称的教师通过参加其他相关专业技术职务资格的社会化考试或职业技能的鉴定。三是鼓励教师通过各种方式主动与企业挂钩，利用假期寻找实践锻炼的机会和场地，学校有计划、有针对性地安排专业教师进厂锻炼，了解企业新设备、掌握新技术。四是建立兼职教师队伍，从企事业单位聘请有一定业务专长的能工巧匠、技术能手、中高级技师和管理人员，充实机电专业实践教学教师队伍，对于发展我国高职机电专业实践教学具有重要意义。

3. 加大机电专业校内外实习实训基地建设力度

实训基地主要在高职院校校内，实习基地则主要在校外。高职院校机电专业

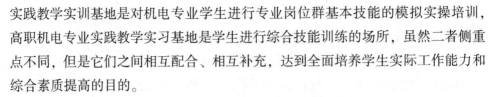

实践教学实训基地是对机电专业学生进行专业岗位群基本技能的模拟实操培训，高职机电专业实践教学实习基地是学生进行综合技能训练的场所，虽然二者侧重点不同，但是它们之间相互配合、相互补充，达到全面培养学生实际工作能力和综合素质提高的目的。

高职院校机电专业实训基地不但可以为高职在校的学生提供学习基本技能的机会，而且还能够承担各类职业技能的培训任务，为社会提供多维服务。实训基地能满足教学、实训、技能鉴定、培训、技能竞赛以及生产技术服务的要求。实训基地建设目标应以服务本校为主，又能与工业园以及行业共享的，特色鲜明、技术先进、集专业教学改革、实训、技能鉴定、培训、技能竞赛以及生产与技术服务于一体的示范性实训基地。在基地建设方面，高职院校还要拓宽思路，探索市场化运作模式，在确保实训效果的前提下，尽量降低建设成本。

4. 重视高职院校机电专业实践教学环节的考核

考核是高职院校机电专业实践教学中的环节，是对理论和实践教学的检验，影响整个教学的全过程。实践教学是学校教学工作的组成部分之一，是学生学习技术知识、培养实践能力的重要途径。通过实践教学，使学生从实践基本理论、实践方法、实践技术和设备仪器的使用等方面得到全面、系统的训练，从而切实提高学生的实践操作能力。

高职院校机电专业实践教学，要把行业标准、国家标准导入教学内容，把职业技能鉴定纳入教学计划中，列入考核之中。单独设置的实践课程，单独考核，单独评分。附属于课程的实践，实践成绩按一定比例（根据实践课时所占比例定）计入课程成绩。实践缺做或不合格，应予以补做并达到合格，否则，不得参加该门课程理论考试。对于高职院校机电专业实践教学考核来说，它与理论考核既有相通的地方，亦有自身特点。机电专业实践教学环节是一个比较复杂的过程，由于缺乏统一的评价标准，因此，如何客观公正地对学生的实践环节进行考核与评价，是一个较困难的问题。

根据长期的实践经验，笔者认为，对高职院校机电专业学生实践教学进行考核，不应有一个固定的模式，而是应采取定性与定量相结合的方法。根据高职院校机电专业实践环节特点和要求，可分别采取口笔试、现场提问，实际操作、撰写实习报告、实习单位评价、论文答辩等多种形式进行。重点应该是现场的实际操作考核，检验学生对实际操作的掌握程度和应用能力。

（二）企业的职责

一些企业追求利润最大化，与高职院校机电专业实践教学追求人才培养目标存在着矛盾，不愿意为实践教学提供支持，如实践基地建设，也不太愿意接受高职机电专业学生实训、实习。目前我国实践教学主要还是靠高职院校自身，没有形成双主体。为了实现实践教学的目标，需要建立"双赢和多赢"的激励机制，调动校企双方积极性，并建立相关制度，落实有关措施，实施长效管理。

为了形成高职实践教学的双主体，需要建立专门机构，协调企业、高职院校之间的关系，搭建校企对话和对接平台。与此同时，建立中小企业科技项目需求和高职院校科研项目开发的信息网络系统。一方面将企业发展中遇到的问题、需要解决的产品开发难点，编成专题信息予以公布；另一方面将高职院校研究的课题或项目，同样按专题信息予以公布。经过校企联合选择，将市场前景好的项目及时投入企业，利用企业的市场运作能力和资源，将其转化成经济效益，并形成企业新的经济增长点。笔者认为，企业在高职机电专业实践教学过程中要提供以下相应的支持。

1. 给予一定的资金支持

企业是高等职业教育的受益者之一，因此，企业应当为高职院校机电专业实践教学教育出一份力。机电专业实践教学需要花费大量的资金进行实训基地建设和对学生实施技能培训，足够的资金保障对机电专业实践教学非常重要，因此，企业应该给予一定的资金支持。

2. 为学生提供实践教学机会

机电专业学生到企业实习，置身于生产第一线，融入企业整体气氛中，使学生毕业上岗后能尽快适应职业岗位。由于实习生与用人单位双方存在责权不明晰、工伤保险制度不完善等问题，中小企业一般不愿承担实习生的风险。企业要提供高职机电专业实践教学实习基地，参与到学校的人才培养计划和过程中。对企业来说，能够在实习的学生中发现人才让学生毕业后留用，减少了员工培养的时间和费用，还可以让顶岗学习的学生帮助加工产品，提高企业效益。

3. 为"双师"型教师培养提供条件

企业要选派具有丰富经验的优秀技术人员到高职院校担任兼职教师。校企合作办学，是培养双师型教师的突破口。通过合作办学，能使高职机电专业实践教学专业课教师更好地掌握专业技能。鼓励企业与高职院校紧密合作，企业要以成为高职院校的合作基地为荣，鼓励企业承担高职院校教师和学生的职业技能培训、实习、横向科研项目开发，鼓励企业吸收经过培训的学生为企业员工。改善和调整现有教师队伍的结构，实现高职院校师资队伍整体功能优化。从联系紧密型实习基地的生产一线聘请有丰富实践经验并能指导实践教学的工程技术人员做兼职教师，通过结构互补，形成师资队伍整体结构上的双师型素质。当然，企业对高职实践教学的支持也应该得到承认和回报，政府可以给企业相应政策支持，有关部门制定企业参与高等职业教育办学的税收优惠政策。同时，高职院校要积极把自己的科研成果投入到为他们提供支持的企业，把自己的优秀学生介绍给企业，使企业认识到支持高职院校实践教学是值得的。

机电类专业实践教学策略

第一节　机电专业的实践教学培养目标

学生通过实践教学活动能够在职业素质、技术应用能力与职业技能等专业能力上达到社会要求的平均水平及标准。在确定高职院校实践教学目标的过程中，一定程度上决定着该校人才计划的大方向，对实现人才培养目标以及建设高职教育特色体系有着至关重要的作用。高职院校实践教学机电类专业的实践教学目标的确立需要以学生的能力培养为核心。能力培养，是指对学生的职业能力的培养，这也是定位高职院校机电类专业实践教学目标时首要的着力点，具体指机电专业的学生在进入工作单位后能够熟练地运用各类机械设备，及时处理好工作中可能遇到的一些问题，并具备一定的管理能力。

在高职院校实践教学目标定位中，应该从学生基本职业能力、综合职业能力以及创新能力三个模块入手。

一般而言，基本的职业能力不外乎其在所从事的职业上满足最基本的处理日常工作的能力，即便是不同的行业以及不同的职业，这些标准都是适用的。目前社会对于基本职业内容的认识尚处于一个不明确的阶段，简单地划分就是包括专业能力、社会能力等。在这里面，最核心的职业能力应该是专业能力，专业能力是区分行业人士一个非常直接的方式，是指在从事某一类职业活动时需要具备的职业技能与知识储备。是一名职业人基本胜任岗位的能力，是其赖以生存的根本能力。方法能力是指学生在日常生活中对信息的收集，能够独立自主学习、解决问题、制订学习目标与计划、质量控制与管理决策的能力，是成为一名合格劳动者在从事职业具体内容时掌握的职业工作方法与职业学习方法，能够可持续性地在职业活动中获得新知识的能力。方法能力是掌握新技术所依赖的能力之一，是科学化的思维模式，是一名职业人的基本发展能力。简言之，从基层向管理层发展的路上离不开方法能力的锤炼，并且这种能力越强，那么前进的步伐也会越快。社会能力是在这个社会上满足基础生活所具备的基本能力，社会能力尤其指在工作生活中与人交往、合作、共同工作与学习的能力，能够很好地与这个社会和谐共处，这是一名劳动者在从事职业工作时所应具备的基本行为能力。毫不夸张地说，一个人缺乏社会能力的话，他本身就是不健全的，基本的社会能力是保证你能够独立生存的基础，这项能力的欠缺将会使得职业人无法完成职业活动。人是群居动物，人与人之间的交往是最基本的交往，社会能力不仅包括与他人交往能力，还应在劳动组织能力、团体意识、社会责任感以及社会道德等方面有所成长和进步，成为社会人格健全的人。情商是人际交流中需要具备的一项技能，在高职院校实践教学培养中，也是非常注重学生这个方面的培养。

综合职业能力包括职业专门技术能力和职业关键能力。学生在进入社会后，要具备完成职业任务的专业技能，也就是说，职业专门技术能力是学生能否胜任工作的必备技能，这项能力主要是在高职院校受教育期间，通过机电专业范围内的基础知识学习与实操课程的学习所掌握的专门技术来获得。职业关键能力是指完成基本的要求后的迁移能力，超越了具体的职业内容。职业关键能力能够广泛而深刻地影响着职业人的终身发展，是高职院校的学生在面对科学技术突飞猛进所应拥有的能力。创新能力是指在具备基本职业能力和综合职业能力以后能够继续发展的能力，创新能力并不囿于仅仅在基本的职业领域上发展，而是能够超越某一个具体的职业技能与知识领域的范围去迸发出巨大的创造力，是基本职业能力与综合职业能力的升华与发展。创新能力能够促进自身职业效率的提升，还能在其他领域有所建树。

当前，高素质的技能型人才是社会所需要的。高技能是一个不够明确、不易操作的总目标，高职院校实践教学在实际教学目标制定中要把总目标分解分成不同的模块化，应用于专业教学中，即以职业能力为圆心，其他能力为图上的点，逐渐地从点到线，由线及面。高职院校教育人才培养目标是培养适合生产、建设、管理、服务第一线的高等技术应用型人才。实用性是高职院校机电专业实践教学中最突出的特点，因此，要对学生实操技能进行重点培养。高职院校实践教育对学生的综合职业技能有着明确要求，综合职业能力主要包括专业技术能力、解决问题的方法能力、适应社会的能力以及创新能力等。

目标的制定是为了更好地通过相应的方式实现目标，高职院校的教学目标也是如此。笔者认为，应构建以"五双"技术应用能力为中心的人才培养模式。"五双"不是量词，而是指五种方式，分别为"双元""双轨""双纲""双师""双证"这五种。"双元"是指产学结合、校企合作的典型模式；"双轨"是指理论教学体系与实践教学体系并重的"双轨"同步；"双纲"是指理论教学大纲与实践教学的"双纲"并举；"双师"是指理论教师与实践教师结合或两者兼能的"双师"施教；"双证"是既发毕业证书，同时也发职业资格证书的"双证"齐发。这些计划的实施需要一套行之有效的制度来保证。其一，从当前社会发展和科技水平出发。根据高职院校实践体系对学生基本职业能力、综合职业能力、职业素养和创新能力的要求，结合学生在当前阶段对事物认识程度的情况以及把握事物发展规律的能力，进行合理化教学设计安排，整体优化教学体系，将实践理论教学与实践教学有机结合。其二，重点放在学生实践能力与创新能力的培养上，通过校内与校外、教与学、课堂与课外有机结合，创建适合学生全面发展的教学基地以及运行模式，致力于能力、理论和综合素质的协调发展。其三，在日常的实验、实习、实训安排上，关于教学内容、教学方法与教学模式的改革必须以社会需求为导向，尽可能将科技进步的产物、现代教育技术设置在教学计划中。在机电技术实训中，要将现代电工技术与传统实训设备相结合。像最基本的变频器、PLC、工控机与计算机系统技术的培训很好地开展起来，技术的先进性一定程度上影响着学生在进入社会后的延伸能力，学的东西越具有时代性、科技性，学生在进入社会后越具有挑战性、竞争力。实践教学应该广泛地运用多媒体技术、网络科技、仿真技术，来提高实训效果。借助先进的信息管理系统，可以更好地提高管理效率。其四，在学校与企业的合作上探索出一条合理化的培养方案，形成校企双向推动、双向管理、产学结合的运行管理机制，深层次地完成双向合作。其五，回归到学生的本位能力上，在构建实践教学理论体系过程中，时刻围绕核心能力进行教学设置，使学生在学习过程中能够熟练地掌握和应用技术。

第二节　优化课程设置，完善课程体系

　　课程体系的先进与否，影响着高职院校教学质量，因此，需要不断地对课程设置情况进行调整，并逐步优化完善。在实际教学中，有很多的课程安排不够合理。例如，专业导论这门课程在绝大多数高职院校中都会设置，但学生学习该课程的时间却各有不同，很多学校在大二、大三才开设这门课。这时候，即将走上社会的学生对新鲜事物的激情退却，即将走上社会也没兴趣听教师讲授，对职业生涯感觉迷茫。因此，不断调整、优化课程设置非常重要。笔者认为，在专业导论课程中，要将机电技术人员就职后的工作内容、职责、知识储备、技术能力的需求进行介绍；安排一些具有机电专业背景的简单项目，让学生可以先简单地了解自己未来的职业环境情况，让职业规划变得有方向性。由具备实践能力的双师型教师或者企业的高级技术人员进行教授，给予学生职业生涯以清晰的规划，让他们对职业环境有一个认识。通过课程学习，每个学生都会对他们的未来有一个逐渐明了的个人职业生涯规划，这也将引导他们在未来的学习与职业生涯规划中能够时刻保持着方向感。例如，机械设计课程涵盖了机械制图与识图、CAD/CAM 及软件应用、工程力学、液压与气动技术以及机械设计等课程，在第一、第二学期就可以逐渐传授给学生。机械设计课程是以培养学生专业的机械设计能力为主要目的，可以根据学生入校前的学历背景进行重点教学安排，可以适当删除一些深奥且对实践教学意义不大的理论知识。在这个过程中，使学生掌握获取知识、运用知识、共享知识以及应用技术的能力。企业曾运行但有结果的项目在高职院校课程设置中，强调以项目为中心构建项目驱动课程体系来组织教学实践。这里的项目并非待处理或正在进行中的项目，而是来源于实践却又在学校实践学习中进行加工过的项目，从企业内挖掘出来安排进入教学实践中。项目的选取需要参考大量的实践教学数据，提炼成一套具有典型教学实践项目的成熟运行机制。这样的项目通常不是单一运作的，一个课程群中包含着众多的学科与课程。基于课程群，加上项目驱动课程体系的设计流程，可以构建出以贯穿始终的一个一级团队项目、契合课程群相关知识的四个二级团队项目、针对单门课程的若干个三级单独项目为载体的一体化课程体系。一级团队的设计还需尽可能地模拟企业的工程项目环境，能够让学生有完整的体验，从构思、设计、制作、运行全过程给予学生一个真实的体验。在体验过程中，能够多方面地感受到专业的实践体验，从开始的设计方案的提出或许会遇到方案不合理、材料无法备齐、技术不够完备、能力欠缺等问题，可能出现的问题就是要考验学生的实践能力以及对相关知识的掌握能力。只有模拟实际的操作过程，才能让学生真切地体验到职业过程中的困难。

二级项目作为课程群实施的载体，是对相关课程的综合。借助贯穿全过程的项目将理论知识与课程安排有机地结合起来，使学生可以深入地了解和掌握所学习的专业知识与课程，能够在解决实际技术问题时联系应用项目，将许多专业课程在实践中进行连接，能够提高对知识的综合运用能力。如机械设计、机械绘图等，一个完整的产品设计项目能够将这些细枝末节联系起来，给予学生最佳的实践体验。为了避免不同课程之间在学习过程中的重复性、衔接性，要提高课程资源的利用效率。另外，要避免让学生的生活受到项目的压力，要尽量减轻学生的学习负担，减少重复的工作内容。若是每门课程都为学生安排一个项目，势必会因为繁重的实践课程安排使得学生精力不足，也做不出好项目，但是，单一的项目安排又会使学生的各项能力得不到延伸，不利于知识的集成，也难以反映实际工作中项目的复杂性。二级项目在其中作为补充存在，众多的二级项目共同为一级项目提供支撑。再细分至三级项目，主要是在二级项目的指导下设立规模较小的项目，并且通过三级项目可加深学生对所学课程的理解与应用。

项目驱动课程体系下的学习效果评价有两种方法：一是结果评价；二是过程评价。传统的评价多采用结果评价，即一次性笔试为最终考评结果，并分为夏末与冬末两个期末考试来进行。而项目驱动课程体系下的学习效果考核与目标矩阵匹配，综合考核学生从构思到设计出图、实体运行到最终的实施阶段全面的综合能力的运用，单一的一次性笔试显然不能满足对学生全面能力的考核要求，无法达到促进与诊断学习的预期目的。从项目驱动课程体系的特点出发，笔试、口试、实习日志、实践过程、结果的考查以及项目报告会的开展，从结果评价逐渐引导到过程评价中去，不仅考核学生们的理论知识，还考核学生对知识与技术的运用能力。根据项目驱动课程体系的分阶段性，考核也将分阶段进行。对于团队项目的考核，从准备阶段开始，明确任务书以及其具体要求。在进行过程中，需要计划、设计、规范图示、借鉴先前项目经验、测试、调试、集成、系统调试、交货等阶段。结束后，需要评估与反思并形成总结报告。

以机电系统设计与维护一级项目为例，该项目分四个步骤完成。第一阶段，要求学生从供选的项目中选择一个项目为团队项目，例如消防救援机器人设计。

学生需要在不具备机电一体化系统知识的情况下，对消防救援机器人设计的过程进行规划，这个设计方案需要进行市场调查、产品定义、可行性分析与功能化分析，根据实际用途的关键操作进行概念设计。该阶段是对学生对方案构思能力的考核，能够考查到学生对于项目准备的能力，成绩的评定也将分为三个部分进行，书面报告占到成绩的50%，书面报告内容包括项目设计说明书与设计图纸、资料等，并且应该在设计说明中设置自评栏目，以便于更好地了解学生的实践情况以及项目分工、产品初步设计的问题提出以及解决方案的研究等，设计图纸与资料以及团队内部讨论记录和自身的实践感受都加以记录。第二阶段，学生已经掌握了一些基础的机电系统知识，在这样的情况下完成初步的设计，初步设计也分为两个部分进行操作，在上一阶段的市场调查是不完善的，那么此阶段则要完善市场调查，并根据消防救援机器人设计的可行性与功能性进行分析。第二部分操作在第一部分操作的基础上完成消防救援机器人设计的初步工作，将不够完善的概念设计充分完善。除了个人的考核之外，项目设计阶段需要增添对团队表现的考核，合作的好坏在一定程度上能够反映学生的团队合作能力。第三阶段，基于掌握的机械零件设计等知识，对上一阶段已经进行考核过的设计产品进行进一步的机电系统设计与机械结构设计。第四阶段，对已经基本完成的消防救援机器人产品进行接口电路制作、控制系统接线路以及程序编排与调试，对整体的线路进行运行调试，该样品在此步已经基本成型。在该阶段对学生的考核手段跟前阶段的基本一样。

通过对项目驱动课程体系的分析与可操作性的全面分析，我们可以看到一个已经优化过的高职机电类专业的课程设置，逐步完善的课程体系，并为高职院校的实践教学提供一些实例上的参照。为此，要做好以下三个方面的工作。

其一，调整实践教学课程结构，加大实践课程课时比例，为项目驱动课程体系提供足够的教学时间，促使学生动手能力得到提升。目前实践教学课程的不合理主要表现在两个方面：一方面是专业教学内容偏旧，不能很好地抓住企业的需求；另一方面是理论课程与实践课程的课时安排不甚合理，理论课程教多，实践课程较少。因此，高职院校要合理调整实践教学课程结构。根据当前的职业需求进行合理布置。在选用教材时，要选取那些反映最新科技水平、满足企业需求的教材。在实践课程比例的设置上，加大实践教学课程的安排，至少应该达到总课程的三成，在模拟实训与校外实习上可以适当地多安排。既能保证理论知识"够用"，也能够保证学生在实操技能中的提升。

其二，推行以学生为主体的项目化实践教学，让学生从纯教学中解放出来，实现教师和学生同时学习、同步成长。在高职院校实践教学过程中，要以学生为主体，考虑学生的就业以及企业的需求。同时，教师也需要不断优化理论知识，努力做到理论知识与实际操作技能训练相结合。教师在教学安排中多选取企业的实际案例指导学生，这样使得教学材料更具有针对性与仿真性。项目驱动课程体系就是为了在实施项目化教学过程中，形成一个完整的、闭合的项目教学过程，它的完整性可以从确定项目目标、制订项目计划、整理相关资料、分析资料并在实践中借鉴一些实际案例、产品制造以及对项目的评价和总结等的过程来反映。例如，在机电专业的实践教学中，可通过对此专业常规教学任务的分析确定相对应的实践安排，设计合适的学习情境与教学项目，学生在这个过程可以运用所学的理论知识与相关项目的体验，教师对学生的项目完成情况进行指导评价。项目化的实践教学安排，学生是学习的中心，教师虽说围着学生转，但不能完全操控学生的行为，更多时候是以顾问的身份存在的。

其三，学校与企业双方共同参与课程体系的开发与建设，这样能够让学校准确地把握市场以及企业的需求，以实现高技能复合型人才的培养目标。为了能够更好实现校企合作，需要注意两个问题：一是对教师资源的扩充，充分引进优秀人才包括企业的技术骨干、专业的技术人员，编写出具有特色的高职教学教材；二是校企双方共同进行学习领域课程资源的开发与建设。高职院校最终是给企业培养的人才，人才培养方案的制订、项目任务的实施、学风建设、学生素质教育等都需要企业参与。通过举办专业化的指导研究会议，邀请专家、技术骨干等参与会议，共同调研制定最具特色的课程体系。

第三节　加强机电专业的师资队伍建设

随着我国经济结构调整和产业转型升级，企业技术技能加速进步更新，高职学院专业动态调整和学生规模持续扩大，教师队伍建设成为制约现代职业教育加快发展的瓶颈和短板。为解决这一问题，我国政府继续加大经费投入力度，支持实施新一周期职业院校教师素质提高计划，重点加强双师型教师培养培训，提升高职教师素质协同发展能力，推进校企人员双向交流合作。双师型教师有着更加全面的综合能力要求。第一，该群体需要有较高的教学实践能力，不仅能够在操作上给予学生技巧，在教育理论知识、机电专业知识、教学能力等方面也应该能够用自身的实践经验指导学生。第二，能够在本专业内，具备较全面的行业与职业岗位专业知识和实践能力。机电专业的教师，在课堂上能够给学生带来妙趣横生的课堂体验，放下课本，换上工作服，能够立刻投入机器设备的操作中去，这就是"双师"性质最核心的体现，但是，一直吃老本，而没有接受新思想、学习新技术，这样的教学是与时代不同步的。因此，对于科研能力与创新能力也有着较高的要求。科研能力是在高校任职教师最普遍的职业能力与工作内容，研究在很多时候是教师有效完成教学的必要状态，比如确定课程目标、课程经验和组织、课程评价时都需要教师的研究者的眼光与修养。高职院校教师的研究主要是探索如何将教学研究成果转化为生产力，在科研中将理论与实际相结合，在市场需求下进行教学开发与课程设置。在新技术、新产品领域，快速地进行开发应用，加快课程深化改革进度。

目前双师型教师在高职院校的占比较低，一方面，高职院校教师对双师型教学的重视程度不够，不愿意去企业去实践、学习，缺乏实践能力的培养和学习，对于新技术的掌握欠缺。另一方面，高职院校教师的晋升和职称评价仍然强调的是科研论文的质量以及发表情况，教师更愿意把精力投入学术研究中，缺乏实践能力的提升。在教学过程中，也是唯学历的评价手段，并未将实践经验作为评判指标之一。

客观地讲，我国大部分的高职院校并不具备科技开发、社会服务体系建设的能力，校企合作运行机制不够完善，个别企业不愿意接受教师的顶岗生产实践，因为这种方式在一定程度上会影响到项目的进度，对企业本身的弊端大于益处，因而教师的实践场所不能得到保证。在企业机器设备的运行过程中，若非正式的员工，在关键技术、关键岗位上是不允许教师参与其中的。教育与生产的隔离，使产教结合无法实现，双师型队伍建设缺乏实践与实践技术的支持。近年来，招生规模不断扩大，大量学生进入学校学习，教师的需求增大。许多专职教师的课程安排已经处于超负荷的状态，教师没有精力也没有时间再去社会实践学习，维持正常的教学安排已经很辛苦了，自然不能有余力去进行实践学习。

高职教师一般拥有高学历、高职称，并且掌握着技术实践知识，也具备了进行实践应用的能力，那么这些人必然会成为学校与企业都竞相挖掘的对象。另外，由于我国幅员辽阔，区域间发展水平并不均衡，人才流动现象比较严重，发达地区往往会人才过剩，发展地区则需要通过人才引进才能满足市场需要。

推进教师和企业人员双向交流合作，建立教师到企业实践和企业人才到学校兼职任教常态化机制，通过示范引领、创新机制、重点推进、以点带面，切实提升职业院校教师队伍整体素质和建设水平，加快建成一支师德高尚、素质优良、技艺精湛、结构合理、专兼结合的高素质专业化的双师型教师队伍。对于高职院校职业教育，须结合我国当前实践教学体系与实训基地的实况，通过实践课堂与理论教学并行的方式，从双师型队伍建设、实训基地、投资市场等方面的内容入手，给出相应的对策。

其一，建设双师型队伍，需要实现职业教育师资的规范化，实行高等职业学校教师资格认证。发达国家相当重视职业教育师资的规范化，尤其是在职业教育教师资源的专职化与培训体系的正规化方面。发达国家对于职业教师的资格把控非常严格，有一套严格的体系来对入职教师的资格进行审查与认证。在发达国家，教师是属于高等职业领域，各方面的保障体系非常完整。建设双师型师资队伍，应该不断优化专业教学团队的结构。在目前的情况下，可选派专业教师进入与学校有着友好合作的企业继续深造，在培训中，侧重于提高专业教师实践方面技能，这样将大幅度地提升专业老师在指导高职学生实际操作方面的能力。

其二，需要健全高职双师型教师的培养体系。借鉴发达国家的高职教育体系建设，主要有四点：一是开办专门培养职业教育师资的高等职业技术师范学院；二是在文理学院、综合大学内另设教育学院、教育系来培养；三是在工科技术学院培训；四是通过专门的职业教育师资进修、培训机构来培养，如教育培训中心或地区职业教育中心、大型企业培训部等，设置继续教育和专业培训课程负责培训教师。教师的培养，通过高职院校的培养与企业培养两种方式，对教师进行课程能力与实践能力的培养。课程能力不仅包括基本教学课程，还包括课程开发能力与项目教学实施能力。这就要求高职院校能够建立校内培训机制，保证同专业教师能够就专业教学中的某一专题或者是结合项目的课程体系建构与实施中的具体问题展开研究。教师之间的交流不仅仅局限在同专业教师之间的交流，而是能够进行跨专业交流，进行知识的融合，在相互交流研究中，促进教师课程开发与实施的能力。要建立教师的教学档案，从课程归纳以及实验项目等模块，都应该做好全过程的反馈，在课程性质、学时设置、课程群设计以及实施与方法改进中都需要详细地记录说明。教学档案制定完成后，教师只有在日常教学中严格执行，才能有效保障教师不断地提升自身的实践能力。高职院校要与企业建立互惠互利的多方联系并且彼此信任，为专业教师提供更多的实践机会，增强他们在实践方面的能力。高职院校需要定时安排教师下一线进行实践学习，以提高技术应用能力与实践能力；也可邀请优秀的专业人才进校开办讲座，将企业最先进的技术带到学校。

其三，对于兼职教师在高职院校的配比也需要逐渐增加，我国对于兼职教师控制得较为严格，因而兼职教师的比例较低。应该加大外聘教师的比例，不仅可以促进学生学习最新的专业知识，能够紧跟市场的变化以及技术的更新，而且可以减轻学校的经费负担，大幅度降低办学成本。

其四，拓宽办学投资渠道，搞好实习实训基地建设。高职教育与普通高等教育最显著的差别就是它在技术、技能方面的要求颇高，当然这就要求高职院校具备较完善的实训基地以及设备。高职院校的运行模式目前主要靠学生学费与国家补贴，由于教育经费有限，难以满足学校办学需求。因此，需要创新现有的办学体制，逐渐拓宽现有的办学渠道，打破依赖学费来支持学校运转的模式，实现投资渠道多样化，满足教学需求。

第四节　提升机电专业实践教学的质量

一、加强对学生校外实践的指导和管理

一些高职院校学生的问卷调查显示，高职院校学生在校外进行实践时常常处于一种"自生自灭"的实习状态，就是说在校外时缺乏实习教师或者很少有企业安排师傅带徒弟。实践教学不能不去，去了又学不到太多的东西，学生往往陷入一个很尴尬的境地，进退两难。最后，虽然得到一张没有含金量的实习报告书，但内心还是极为不踏实的，因为自己没有真正学到东西。要根据社会发展的需求，设立高职院校实践中心、实训基地，并向全国高职院校开放。

其一，以学生培养目标为指引，以基地现实资源聚合为基础。高职院校应结合学校人才培养对实践教学的需求，设计与专业实践相区别的通用实践教学内容，构建实践课程体系，使其与校内理论教学、校外实践教学相互共融，成为高职院校专业培养高素质应用型人才的有机整体。根据培养人才的要求，学校可要求学生实行"平时+假期"的实践方式，保证学生在大学期间有不少于12周的实践课程，从而在学校阶段迅速完成从学生到职业人的角色转换，减少学生毕业工作后的磨合期，提升学生岗位胜任能力。

其二，依托各类中心，制订相应的课程教学实施方案和考核办法。依托教育培训中心、社会认知体验中心行业专家，对当前经济形势、消费者权益保护、公

务员基本知识、企业文化、团队精神的培育等进行系统培训，通过集中学习、创业报告会、实地观摩等形式，使学生从理论到实践对社会产生全新的认知。同时在各个中心学习完成以后，要通过撰写学习心得、汇报演讲等形式进行考核，以获得相关学分。

其三，强化师资队伍，建立实习流程，加强实习过程质量监控。基地将实习报名、面试、实习岗位分配、工作实操等流程程序化，在实习的每个阶段指定固定的指导教师进行指导管理，学校实习管理教师定期前往基地检查实习情况，并与基地管理人员和指导教师进行定期反馈交流。基地实习指导教师由固定人员和流动人员构成，实行按需设岗、竞争上岗、按岗聘用、合同管理的原则，采用聘用制，建立以聘用制度和岗位管理制度为核心的用人机制。在科学设岗的基础上，采用短期聘用、中长期聘用、临时聘用相结合的灵活用人方式，对进入基地的人员实行动态管理。基地实习指导教师来源于机电协会、企事业单位、学校教师和部分创业的优秀企业家。对于固定人员采取固定工资加奖金制，流动人员采取课酬工资制，均与绩效紧密结合，对做出突出贡献的给予重奖。

其四，构建高校与企事业单位共同参与，独立运行的教学管理机制。在基地的组织框架上成立基地管理委员会，下设基地管理办公室，基地管理办公室负责基地日常运行。基地运行经费由双方共同出资，在每年的行政预算经费中，划拨专项经费，用于基地的日常办公和学生实习运转。基地独立运行，避免多头管理，提高运行效率。

其五，立足创新之路，以基地的示范引领作用为动力，以建成品牌基地为目标，构建"训练中心—实践课程—创客空间"三位一体的通用实践教育教学体系。基于校企合作的实践基地，面向社会就业的实际需要，遵循教学做合一的实践教育理念，建构实践教育培训中心、技术研发中心、学生实践训练中心等各种训练场所，提供从社会适应、创新教育知识培训到社会认知、机电技术员顶岗实习、创新训练的立体实践课程体系。基地应鼓励学生积极创新，建设工作室，形成一批运转良好的创新工作室。这样，就形成了训练中心、实践课程、创新工作室三位一体的实践教育教学体系。实践基地教育教学体系的构建，加强社会适应能力与就业创业能力的培养，与专业实践教学体系配合、协调，形成完整的学生能力培养的实践教学体系。扩大对外合作与交流，全方位、多元化培养人才，进一步加强与其他高职院校的合作与交流。借鉴先进的职业教育理念和办学经验，进一步增强学院的国际合作能力。继续开展与境外职业院校的交流合作，采取长短期出国考察、学术访问、合作研究、研修学习等方式，派出教师学习先进职教理念，接受技术培训和双语教学能力培训；充分利用学校的品牌和专业优势，积极探索国际合作交流，以交流、游学等方式招收外国留学生；不断引进国际优质教育资源，引进国际职业资格认证体系，推进双语教学建设和课程、教材建设，培养高素质、外向型、技能型的专业人才。

二、深入落实产学结合校企合作

产学结合最根本的需求是培养学生实践技能以及在工作岗位工作的能力，这种模式下，学生在岗位上生产，在生产中学习，在学习中工作。产学结合模式对学生的要求更高，除了扎实的基础理论知识，还要求操作娴熟，具有强烈的创新意识、进取精神，能够适应现代机电行业的发展，毕业即能顶岗生产，有独当一面的能力，并有机会在很短的时间里成为重点发展对象。产学结合班的学生需要半天的实践、半天的理论学习，待在实践基地的时间比较多，实训基地的条件如何也会影响到学生的学习效果。

产学结合促使理论与实践进行有机的结合，学生能够学以致用，通过实践更好地掌握理论知识，在理论学习中将实践中的设备原理进行反思。此方式不仅仅创造出比较充足的实践时间，并且可以将理论知识更好地消化，可谓一举两得。这个过程能够对专业知识有一个全面的了解与掌握，又能促进学生养成良好的劳动观念，强化竞争合作意识，增强技术服务水平，提高技术推广能力。对教师群体而言，也将大有裨益，对教学能起到推动作用。学生能够将理论应用于实践，化为强大的生产力，与此同时从生产中去发现实践与理论不相贴合的部分，发现问题，解决问题，帮助学生从感性上升为理性。这个过程是教师一次全面的成长过程，懂教学，会生产，能经营，这些技能需要教师在实践中逐渐摸索掌握。综合而言，学生与教师的双向成长也将带动基地的发展与建设步入正轨的产学结合，也能使得基地不断完善，扩大规模，发挥更大的作用。因此，要做到以下几点。

第一，加强生产型实训基地、顶岗实习基地的建设，不断完善理论实践一体化的实践教学，这是全面配合高职教育实践教学课程体系改革的一项重要内容。一方面，高职院校需要进一步扩建校内实训基地，更新增添校内实习实训设施；另一方面，各个高职院校需要将产学结合，校企合作落到实处，积极引进计算机系统、多媒体教学、网络教学等电子化的教学新方式。学校与学校之间可以进行资源共享，优势互补，形成校内外相结合的环形教学过程，真实环境与模拟仿真环境交替应用，给学生最真切的体验。

第二，创新校企合作机制，努力实现企业、学校和学生的三赢。为了适应现代制造业高速发展的需要，为行业企业培养出复合型、应用型的高级人才。在关于高职院校人才制订方案上，需要深入了解企业需求，密切联系企业，与企业负责人、人力资源经理、厂长、技术骨干、车间主任和杰出工作者等进行广泛而深入的沟通，充分听取专家意见。采取购进设备、引厂入校、合作建厂等方式，使得企业能够参与办学、育人和考核评价。在实践教学过程中，充分了解企业需求点所在，企业与学校双方共同搭建一个育人平台，形成人才共同教育、教学工程共同管控、教学成果共同分享的新型产学结合局面，最终能够实现学校、学生、企业三赢的局面。

第一，产学结合中的顶岗实践是一个教学过程，既要完成生产任务，又要对学校的教学内容进行掌握，若是不能够与自己专业结合来学习，那么所谓的产学结合就只剩下产了，这和单纯的劳动输出没区别，并不能很好地完成教学任务。

第二，实训基地应购进部分技术先进和部分顶尖的设备，这样一方面能够给学生的实践学习带来更好的体验，另一方面也可以开阔学生的眼界，通过对各类器械应用，提升学生毕业后的适应程度。

第三，实训基地结合专业，在设备上满足需求，制定科学的管理制度，实现规模化运用。

第四，便于学生在顶岗时承包项目，锻炼生产技能和管理能力，增强生产观念、效益观念。

参考文献

[1] 李玉民，陈鹏，颜志勇．机电类专业创客型工匠培养研究［M］．北京：北京理工大学出版社，2018.

[2] 罗力渊，郝建豹，宋春华．机电一体化技术专业教学标准与课程标准［M］．成都：电子科技大学出版社，2018.

[3] 金崇源，王海文，马瑞．画法几何及机械制图习题集［M］．武汉：华中科技大学出版社，2018.

[4] 吴何畏，秦拓．机电传动与控制技术［M］．武汉：华中科技大学出版社，2018.

[5] 孟卫华，周峰，唐小平．机电创客［M］．北京：北京理工大学出版社，2018.

[6] 董惠娟，石胜君，彭高亮．机电系统控制基础［M］．哈尔滨：哈尔滨工业大学出版社，2018.

[7] 丁跃浇，张惠娣，马丽，李俊敏．机电传动控制第2版［M］．武汉：华中科技大学出版社，2018.

[8] 张宁菊．机电知识与技能应用简明指南［M］．北京：机械工业出版社，2018.

[9] 金樟民，金仲平，马舜．机电类特种设备实用技术［M］．北京：机械工业出版社，2018.

[10] 李浙昆．机械工程专业英语［M］．武汉：华中科技大学出版社，2018.

[11] 王鹏飞．机电专业英语［M］．北京：北京理工大学出版社，2019.

[12] 赵雷，张华，杨川．机电一体化技术专业建设标准［M］．重庆：重庆大学出版社，2019.

[13] 秦工，王中明，祝颐蓉．电工电子技术简明教程 [M]．武汉：华中科技大学出版社，2019.

[14] 常淑英，翟富林．机电设备调试与维护 [M]．北京希望电子出版社，2019.

[15] 刘龙江．机电一体化技术第 3 版 [M]．北京：北京理工大学出版社，2019.

[16] 高安邦，胡乃文．机电一体化系统设计及实例解析 [M]．北京：化学工业出版社，2019.

[17] 袁晓东．机电设备安装与维护 [M]．北京：北京理工大学出版社，2019.

[18] 宋贺，中业教育建造师考试命题研究委员会．机电工程管理实务通关精解 400 题 [M]．银川：宁夏人民教育出版社，2019.

[19] 兰惠清，史红梅．机械工程专业英语 [M]．北京：中国铁道出版社，2019.

[20] 卫涛，柳志龙，晏清峰．基于 BIM 的 Revit 机电管线设计案例教程 [M]．北京：机械工业出版社，2019.

[21] 姚薇，钱玲玲．电气自动化技术专业英语 [M]．北京：中国铁道出版社，2020.

[22] 郭生荣，王岩，潘俊，李爱成．飞机机电流体系统综合技术 [M]．上海：上海科学技术出版社，2020.

[23] 赵奕华，张玉彬．医院建设 BIM 应用与项目管理江苏省妇幼保健院工程实践 [M]．上海：同济大学出版社，2020.

[24] 闻邦椿．机械设计手册机电一体化技术及设计 [M]．北京：机械工业出版社，2020.

[25] 荆学东．虚拟仪器的测量不确定度评定方法研究 [M]．上海：上海科学技术出版社，2020.

[26] 周书兴．工业机器人工作站系统与应用 [M]．北京：机械工业出版社，2020.

[27] 孟爱华．工业自动化集成控制系统 [M]．西安：西安电子科技大学出版社，2020.

[28] 聂振华，李俊．工业机器人离线编程技术 [M]．西安：西安电子科学技术大学出版社，2020.

［29］　任彬 . 可穿戴下肢外骨骼人机协同设计与实验研究［M］. 上海：上海科学技术出版社，2020.

［30］　杨敏，杨建锋 . 机械设计［M］. 武汉：华中科技大学出版社，2020.